CIVIL ENGINEERING IN FRENCH

CIVIL ENGINEERING IN FRENCH

A guide to the language and practice of civil engineering in French-speaking countries

A. PAULUS

Thomas Telford Limited
London, 1982

Published by Thomas Telford Ltd, PO Box 101, 26–34 Old Street, London EC1P 1JH

ISBN: 0 7277 0138 X

Printed in Great Britain by Redwood Burn Limited, Trowbridge, Wiltshire

THE AUTHOR

born in 1948, Walloon, Belgium.
Ingénieur Civil des Constructions, Louvain university, Belgium, 1972.
Post-graduate courses in architecture and rural engineering.
Admitted to the Belgian Architects Association in 1976.

He first worked in North Africa on public health engineering, drainage and irrigation projects, and in Belgium where he was involved in architecture, civil engineering and sewage treatment works design. In 1979, he joined Sir M. MacDonald & Partners Ltd, consulting engineers in Cambridge, England, to assist with the firm's development in the French-speaking countries of Africa.

SOMMAIRE
CONTENTS

ix	Foreword, Professor Sir Alan Harris.	
xi	Author's preface	
xiii	How to use this book	
xv	Acknowledgements	
1	Leçon 1	**Les cartes topographiques** Les symboles et la légende des cartes topographiques—suivre un itinéraire et demander sa route
1	Lesson 1	**Topographic maps** Understanding the symbols and legend on topographic maps—following an itinerary and asking the way
18	Leçon 2	**Les projets de développement** Les opérateurs: maître d'ouvrage, entrepreneur, bureau d'études—les phases de développement des projets—conversation téléphonique: recherche d'un spécialiste
18	Lesson 2	**Development projects** The parties involved: client, contractor, consulting engineers—the planning of projects—telephone conversation: looking for a specialist
34	Leçon 3	**Le béton** Les différents types de béton—la manipulation du béton—les bétons armés et précontraints—ferraillage et coffrage d'une semelle et d'une poutre—la qualité des bétons et les adjuvants
34	Lesson 3	**Concrete** Different types of concrete—handling concrete—reinforced and prestressed concrete—reinforcement and shuttering of a footing and of a beam—concrete quality, additives
52	Leçon 4	**L'hydraulique urbaine** L'alimentation en eau potable—les réservoirs—l'équipement des forages—l'assainissement urbain—les stations d'épuration—les canalisations
52	Lesson 4	**Public health engineering** Potable water supply—service reservoirs—borehole equipment—sewerage—sewage disposal works—pipes

78 Leçon 5 **L'hydraulique agricole**
Les techniques de l'hydraulique agricole—les systèmes d'irrigation—les spécialistes des projets hydroagricoles—les facteurs techniques et les facteurs socio-culturels—réunion de travail entre un ingénieur-conseil et son client—échange de télex

78 Lesson 5 **Land and water engineering**
Irrigation and drainage techniques—irrigation systems—specialists involved in irrigation and drainage projects—engineering factors and socio-cultural factors—meeting between a consulting engineer and his client—exchange of telexes

97 Leçon 6 **Les barrages**
Fonctions des barrages—types de barrage—barrages en terre—barrages en béton—barrages à objectifs multiples et retenues collinaires

97 Lesson 6 **Dams**
Functions and types of dam—earth dams—concrete dams—multipurpose dams and small reservoirs

116 Leçon 7 **Les routes**
Les techniques routières—les études de routes—le profil en travers d'une route—la composition des chaussées—les engins de terrassement—correspondance et réunion de travail entre un ingénieur et son client—le financement des projets routiers

116 Lesson 7 **Roads**
Road techniques—studies and design of roads—cross-section of a road—layers of a road—earth-moving equipment—meeting and correspondence between the consulting engineer and his client—financing road projects

135 Annexe 1 **Solutions des exercices**

135 Appendix 1 **Answers**

145 Annexe 2 **Annexes de leçons**
bibliographie—informations

145 Appendix 2 **Notes to each lesson**
bibliographies—further information

169 Annexe 3 **Dictionnaires, annuaires**

169 Appendix 3 **Dictionaries, directories**

189 Annexe 4 **Adresses utiles**

189 Appendix 4 **Useful addresses**

FOREWORD

Professor Sir Alan Harris

The engineer is taught French as if it were a dead language; he learns rules of grammar and masters irregular verbs until writing comes to resemble a mathematical operation. He will have read chosen pages from the classics of the language. His first task in the country in question is thus to attain conversational fluency—when he can chatter at ease about small nothings over a cup of tea with a lady of formidable intelligence and imposing presence and of whom he is slightly terrified, he is beginning to be competent. Dive off the deep end is the counsel; one soon speaks well when one must.

His next task is to master vocabulary. It is quite surprising how different circumstances call upon different ranges of quite ordinary words—those which he has read in Racine (funeste, fatal, flamme, and so on) are not much use to an engineer seeking to say pick it up, put it down, take it away, turn it over, bring it back, dismantle it. But any trade or calling also has its specialized vocabulary much of which appears in no dictionary; that of the civil engineer is particularly rich, embracing as it does that of all the crafts found on the site. One should never forget that there are often no exact equivalents and that an idea in one language is subtly different from its apparent expression in another—there may indeed be no word for it at all. The French, for example, have no word for design.

He will soon make the acquaintance of colloquial, emotive and invective words, the lower register of the language, where, alas, these chaste pages can offer him no guidance, save to remind him that not all he learns on the site is for repetition in polite company.

To know a foreign language, he will find, is rewarding; he will be a better engineer for seeing his profession through the eyes of another culture. May this book help him in this purpose.

AUTHOR'S PREFACE

This book is written for civil engineers who have been trained in an English-speaking country but who are required to work in a French-speaking one. Its object is to familiarize the engineer with the working environment and the language he will encounter in the new country. To meet this objective I have adopted two main approaches. The first is to introduce the technical language in true-to-life situations typical of those in which an engineer might find himself. Each lesson uses two such situations requiring different responses: the reading and understanding of a passage of technical French, and a more active response, which might involve taking part in a conversation, asking for information or giving instructions. The second approach is to provide, in addition to language-teaching itself, practical information on current methods and techniques in French-speaking countries, particularly where these are different from those practised elsewhere.

The aim is both optimistic and realistic — optimistic in that I have tried to cover conversation, reading and writing in French, realistic in that the range of vocabulary, grammar and expressions has deliberately been restricted. I am very much aware that our students will be able to devote only a limited amount of time to their studies and this has restrained me from attempting to convey all the nuances and richness of the French language.

This book will be useful mainly to those with a basic knowledge of French, e.g. O level standard in England. Although some of this knowledge will be recalled during these lessons, it would be useful if a short language refresher course were undertaken before the students starts this book. I have also assumed that the reader is familiar with the engineering concepts used. The intention is to teach French, not civil engineering.

I am particularly grateful to Mr G Brock, Director of Studies and teacher at the Studio School of English in Cambridge for his inspiration and guidance. My thanks are also due to my colleagues and first students at Sir M. MacDonald and Partners for their advice and encouragement, and most of all to Françoise Marlière for her invaluable assistance in typing the manuscript.

HOW TO USE THIS BOOK

The course consists of seven lessons each on a particular technical subject. Each lesson is divided into four sections: technical vocabulary with exercises in comprehension; conversation, formal exercises, and glossary.

The technical vocabulary introduces the subject and basic vocabulary. The conversations present certain techniques peculiar to French-speaking countries. Here the student's effort is directed towards spoken expressions or turns of phrase. The exercises help the student to memorize the elements introduced in the text and participate in situations demanding a more positive role: asking for information, telephoning or giving instructions.

In each lesson new and unfamiliar technical words are printed in bold type. The meanings of these words can be found in the glossaries which make up the final section of each lesson. In addition to covering the technical terms used in the text, these glossaries introduce other terms relevant to the subject. The aim is to provide the engineer with a basic vocabulary which will enable him to communicate easily in both written and spoken French. However, it is not intended that the lists be learnt by heart—they are provided for reference. Nor do they provide a full specialist vocabulary. Engineers wishing to acquire a wider vocabulary in any one field are referred to the dictionaries listed in an appendix.

Answers to the exercises (or suggested examples) can be found in appendix one (annexe 1: solution des exercices).

Further reading and information on the subjects covered in each lesson are provided in appendix 2 (annexe 2: annexes de leçons).

A subject-by-subject guide to all the relevant technical dictionaries available is presented in appendix 3 (annexe 3; dictionnaires, annuaires) and appendix 4 (annexe 4: adresses utiles) lists useful addresses of organizations and publishers referred to in the book.

ACKNOWLEDGEMENTS

Acknowledgement is made to the following organizations for their permission to use their illustrations: the Institut Géographique National for the scale 1/25 000 map, edited by the IGN, Paris, No 99–1055 (pages 4 and 53), Sir M. MacDonald and Partners for the diagram of the pumping station (page 56) and the photograph of Hexham and mid-Tyne sewage treatment works (page 64), the Commission Internationale de Grands Barrages for the illustration of an earth dam with a central core (page 101), the Institut National Cartographie of Algeria for the use of the scale 1/25 000 map (page 104) and the Association Générale des Hygiénistes et Techniciens Municipaux for the map of France showing the six river basin authorities (page 158).

Leçon 1: Les cartes topographiques

VOCABULAIRE TECHNIQUE

Pour cette première section, concentrez-vous sur le vocabulaire technique. Vous connaissez déjà la majorité des termes utilisés. Essayez de comprendre et de retenir les autres. Au besoin, vous trouverez dans le glossaire multilingue de chaque leçon la traduction des mots en caractères gras. Cependant, n'utilisez ce glossaire qu'en dernière extrémité. Si vous travaillez en groupe, échangez plutôt vos connaissances avec vos compagnons ou bien consultez la légende de la carte au 1/25 000 (vingt cinq millième) à la fin du glossaire. Ainsi, vous vous habituerez progressivement à penser en français, sans passez par la traduction dans votre langue.

Exercice de compréhension (1)

Essayez également de remplir les blancs des textes sans utiliser le glossaire: c'est un moyen de tester votre vocabulaire.

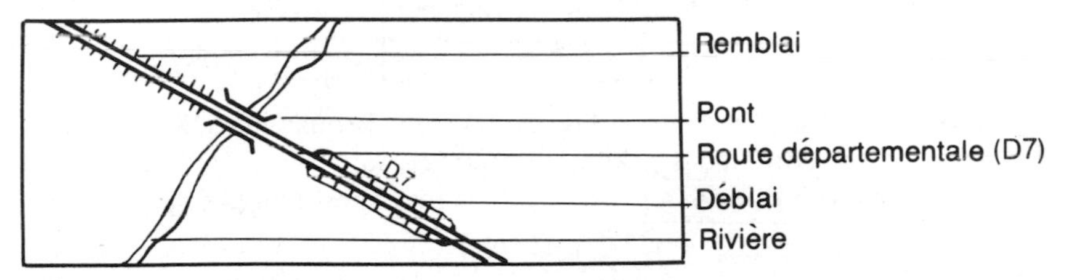

La route départementale D7 franchit une rivière. L'ouvrage est un pont. D'un côté du p ...(1)..., la D7 est en remblai, de l'autre elle est en d ...(2)....

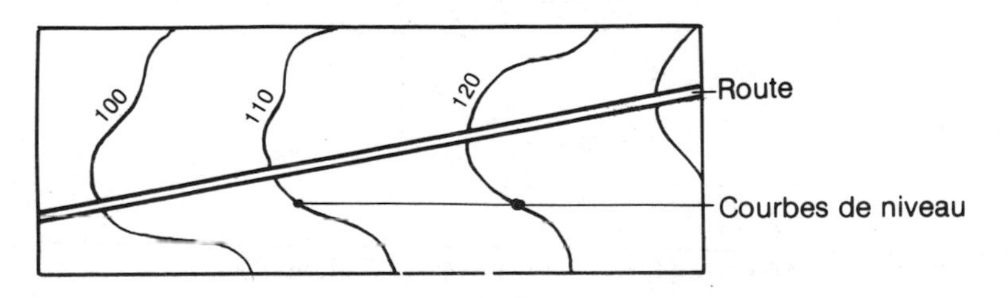

On peut calculer la pente de la route à partir des courbes de niveau. L'**é**...(3)... est de 10 mètres et la distance horizontale entre deux c ...(4)... est de 500 mètres. On conclut que la route monte à partir de l'**a** ...(5)... 100 suivant une p ...(6)... de 2% (deux pour cent).

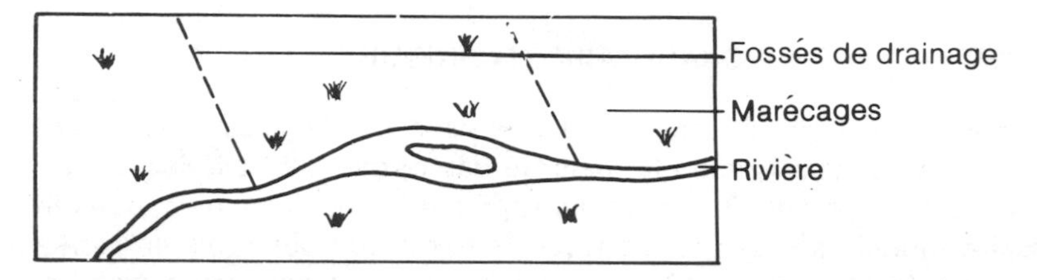

La rivière est entourée de **marécages.** Des fossés de drainage ont été creusés pour drainer le m...(7)... . Ces fossés se jettent dans la r ...(8)... .

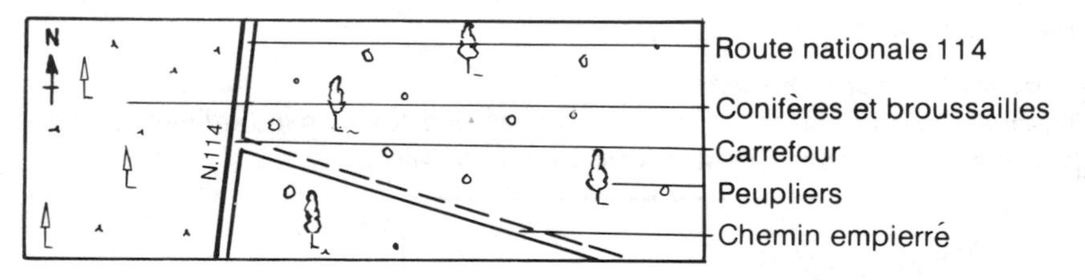

La **route nationale** 114 traverse des bois et des broussailles. A l'est de la route, les arbres sont des **p** ...(9)... , à l'ouest ce sont des c ...(10)... . On voit également le **carrefour** de la r ...(11)... avec un **chemin empierré.**

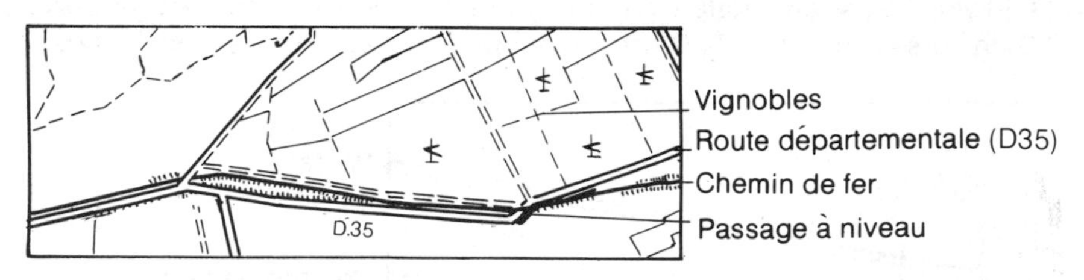

Nous sommes dans un paysage de **vignobles.** Un **chemin de fer à s...(12)... voie** traverse la r ...(13)... 35 en **passage à niveau.**

Les principaux termes techniques introduits dans cette leçon sont

réseau (*m*) routier
- route nationale (*f*)
- route départementale (*f*)
- chemin empierré (*m*)
- chemin (*m*) d'exploitation

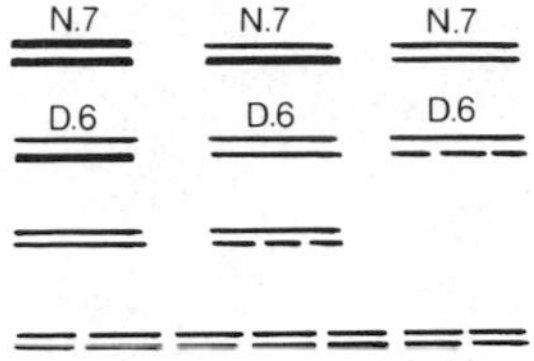

chemin (*m*) de fer
- à simple voie (*f*)
- à double voie (*f*)
- passage (*m*) à niveau

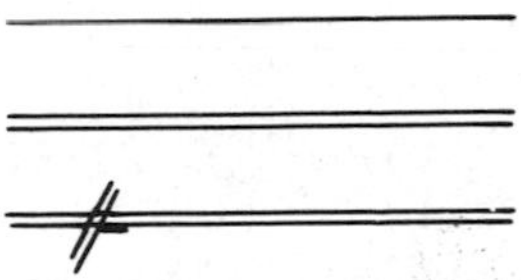

cours (*m*) d'eau
- ruisseau (*m*)
- rivière (*f*)
- marécage (*m*)
- fossé (*m*) de drainage

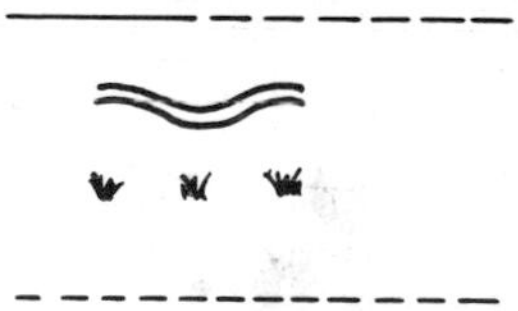

topographie (*f*)
- courbes (*f*) de niveau (*m*)
- remblai (*m*) déblai (*m*)

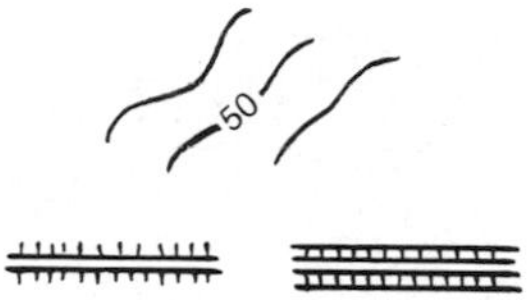

occupation (*f*) du sol

bois (*m*) broussailles (*f*) conifères (*m*) peupliers (*m*) vignobles (*m*)

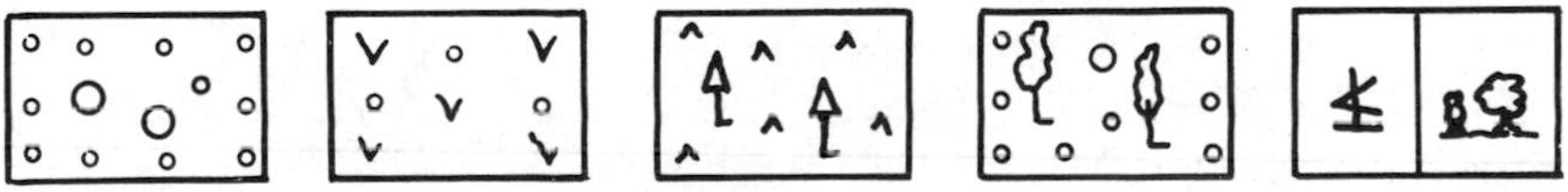

Villesèque
la Fauguière
Caunelle
la Pénarie
le Chau des Gardies
la Plaine
St Jean de Crieulon
Mas de l'Église
Vallongue
Comiac
Logrian
les Condamines
le Mas Darvieu
le Villaret
le Couvent
Clapouse
Comne de Logrian
et Comiac
Chau de Florian
Chau de la Rouvière
Chau de Cauviac
Perdiguier
la Roque
les Plans
Capelane
les Mazets
Bos Nègre
Vergalous
D. 182
D. 149
D. 8
D. 24
D. 200

Exercice de compréhension (2)
Utilisez ces termes et d'autres que vous trouverez dans le glossaire et la légende à la page 15, pour compléter les vides du texte.

Villesèque est un village-rue le long de la ...(1)... D35 dans la commune de Saint-Jean-de-Crieulon. Nous partons du centre du village et nous nous dirigeons vers le sud. Les courbes de niveau et les points altimétriques de la ...(2)... au 1/25 000 indiquent que la route descend dans une vallée. Nous pouvons calculer que la ...(3)... à la sortie du village est de l'ordre de 7% (sept pour cent).

Nous traversons une région de vignobles. On voit les **fossés de drainage** et les **chemins d'exploitation** qui relient les **parcelles** au **réseau routier.** Les **clôtures** entre les ...(4)... sont aussi indiquées sur la carte. Il y a différents types de ...(5)...: haies (avec ou sans arbres), **levées de terre, palissades, grillages, fils de fer,** etc. Pour les reconnaître, nous devons consulter la légende de la carte.

Les collines à notre droite sont boisées. Nous ne connaissons pas les espèces qui occupent les versants de la colline à l'ouest de Villesèque, mais nous voyons que le sommet est occupé par des ...(6)....

Après la ferme des Plans, la route est construite en ...(7)... vers un pont sur le **ruisseau** de Crieulon. Nous arrivons alors au ...(8)... de la route de Logrian.

Un peu plus loin, nous traversons un **chemin de fer à simple voie.** Le passage ...(9)... est établi à l'altitude 97 du nivellement général de la France. C'est-à-dire que ce point est situé à 97 m ...(10)... du niveau de la mer.

Le nivellement général est un réseau de points fixes, dont les ...(11) ... ont été calculées par rapport au niveau de la mer. On distingue le **nivellement de premier ordre,** qui comporte quelques points, parfois très éloignés les uns des autres, nivellés avec des instruments de haute précision. Les points de nivellements inférieurs (deuxième et troisième ordres) sont calculés ...(12)... du nivellement de premier ordre.

CONVERSATION

Alan Smith, ingénieur, et son ami français Bernard Dupont, également ingénieur, parlent de la carte de France au 1/25 000 et de l'IGN. Les expressions et les formules qu'ils utilisent sont caractéristiques d'une conversation entre collègues qui se connaissent depuis longtemps ou entre amis de longue date. Elles sont différentes de celles d'une conversation

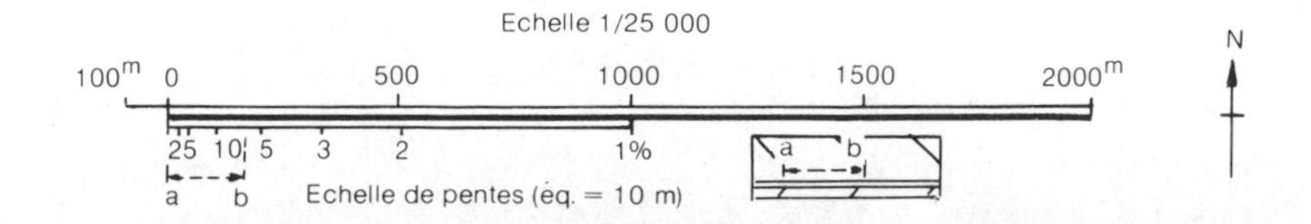

entre inférieur et supérieur ou entre collègues récents. Remarquez en particulier

Dis-moi, mon cher Dupont Dis-moi, Dupont	attire l'attention et introduit une question.
Mais pas du tout, pas du tout	marque un désaccord complet.
En tous cas,	introduit une nouvelle idée.
C'est vrai. Tu as raison.	indique un accord.
Au revoir, à la prochaine. Salut, à bientôt.	sont utilisés au moment de se quitter.

Notez aussi que les amis se tutoient, ce qui n'est pas recommandé avec des personnes qu'on ne connaît pas, même si ce sont des collègues.

Smith Dis-moi, mon cher Dupont, quelle est la firme qui a établi la carte que nous utilisons?

Dupont Ca ne peut être que l'IGN.

Smith L'Igéenne?

Dupont Oui, l'Institut Géographique National. Il s'agit d'un organisme parastatal qui dispose d'un monopole pour l'établissement des cartes de France à grande échelle.

Smith Donc, connaissant la lourdeur de l'administration française, j'imagine que pour obtenir une de ces cartes, je dois envoyer une demande en huit exemplaires, et...

Dupont Mais pas du tout, pas du tout. Tu dois tout simplement te présenter à l'un des multiples magasins de vente de l'IGN, à Paris ou en province, ou encore adresser ta commande au service des ventes par correspondance. Ce n'est pas plus difficile que ça.

Smith En tous cas, j'ai remarqué que la **planimétrie** de l'extrait de carte que nous avons vu est très détaillée.

Dupont Eh oui, la qualité française, mon cher! Il faut dire aussi que la carte au 1/25 000 est particulièrement soignée parce qu'elle est considérée comme un document de base. Certains documents à d'autres échelles sont établis par **aggrandissement**

ou **réduction** à partir de la carte au 1/25 000.

Smith La **légende** comporte effectivement plus de 150 symboles différents, sans compter les inscriptions complémentaires telles que **résurgence, tombeau, château, ruisseau**, etc. Au total, nous avons plus de 200 rubriques.

Dupont C'est vrai. Et pourtant la carte ne parait pas surchargée, elle reste facile à lire.

Smith Est-ce que l'IGN travaille exclusivement en France?

Dupont Pas du tout. L'IGN a effectué de nombreux travaux en Afrique surtout dans les anciennes colonies françaises. Bien sûr, la couverture n'est pas aussi complète, mais les régions cartographiées continuent à s'étendre. Certaines cartes d'Afrique établies par l'IGN sont en vente libre au magasin de la rue de la Boétie, à Paris.

Smith Bon à savoir. Je vais noter cette adresse, ça peut servir. Tu veux répéter?

Dupont Je n'ai pas l'adresse exacte sous la main, mais... Oh, là, là! Déjà dix heures. Il faut que je parte si je ne veux pas rater mon rendez-vous. Regarde dans l'annuaire, leur adresse y est certainement. A la lettre 'I', comme Institut.

Smith C'est vrai. Tu as raison.

Dupont Bon et bien, au revoir Smith, et à la prochaine.

Smith Salut. A bientôt.

Regardez de nouveau la carte au 1/25 000. Smith est à Logrian et il demande la route pour aller à Villesèque. Comme il s'adresse à une personne qu'il ne connait pas et qu'il ne veut pas effrayer, Smith vouvoie la jeune fille et il s'efforce de rester assez distant.

Pardon, Mademoiselle	attire l'attention et annonce une question.
Pouvez-vous m'indiquer	introduit une question.
Très volontiers Volontiers	marque un accord sur une proposition.

Smith Pardon, Mademoiselle, pouvez-vous m'indiquer la route pour Villesèque?

Mlle Mais oui, Monsieur. Pour Villesèque, vous devez sortir de Logrian vers le nord, par la départementale D8. Vous **franchi-**

	rez un pont, et vous tournerez à gauche juste après le pont.
Smith	Toujours sur la départementale D8?
Mlle	Oui, toujours sur la départementale D8.
Smith	Bien, donc à gauche juste après le pont. Ensuite?
Mlle	Ensuite, vous continuerez tout droit, vous laisserez plusieurs routes secondaires à votre droite, vous passerez sous le chemin de fer et vous arriverez à un grand carrefour.
Smith	Un carrefour à angles droits?
Mlle	Oui, à angles droits. Là, vous prendrez à droite et vous trouverez Villesèque à trois bons kilomètres.
Smith	Bon, récapitulons. Je prends la D8. A gauche après le pont et au carrefour, à gauche.
Mlle	Non, pas à gauche, à droite.
Smith	Ah, oui, c'est vrai, à droite. Bon j'espère que je vais retenir tout ça. C'est pas du gâteau, pas vrai?
Mlle	Remarquez, je dois justement aller à Villesèque. Si vous voulez m'emmener...

EXERCICES

Exercice 1. Vocabulaire et compréhension

Remplissez les blancs en utilisant les mots de la liste suivante.

gué — route départementale — carrefour — nous dirigeons — chemin — altitude — vignobles — dirigeons — vingt cinq millième — déblai — déblai — ruisseau — chemin de fer.

Reprenons la carte au ...(1)... et suivons la ...(2)... D182 à partir du pont situé à l'...(3)... 117. Nous nous ...(4)... vers le sud-ouest en longeant le ...(5).... Nous arrivons ainsi au ...(6)... de la route de la Fauguière. Après un tronçon en ...(7)..., nous quittons la route départementale et nous ...(8)... vers le ...(9)... de Vergalous par un ...(10)... d'exploitation qui traverse le ruisseau à ...(11)... Ensuite, nous traversons des ...(12)... et le chemin est en ...(13).... Enfin, nous rejoignons une route départementale.

Le texte ci-dessus décrit un itinéraire sur l'extrait de carte au 1/25000. Suivez cet itinéraire sur la carte et vérifiez à la fin du texte si votre point d'arrivée est correct (voir annexe 1: solution des exercices).

Exercice 2. Les prépositions de lieu

Remarquez l'usage des prépositions dans les textes précédents et dans les phrases qui suivent.

La ferme des Plans est située *dans le sud de* la commune de St-Jean-de-Crieulon (c'est-à-dire, dans le territoire de la commune) et *au sud* de Villesèque (c'est-à-dire, en dehors du village).

Nous nous dirigeons *à* droite de la route, *sur* la route, *à* gauche de la route, *le long* de la route. Nous passons *sous* un pont, ou *sur* un pont. Nous arrivons *au* passage à niveau. Nous allons *vers* le carrefour. Nous partons *du* pont.

Maintenant, remplissez les blancs en choisissant la préposition adéquate.

En partant ...(1)... Villesèque et en allant ...(2)... le sud, nous arrivons ...(3)... la ferme des Mazets, située ...(4)... de la route et ...(5)... du village. Le Mas de l'Eglise se trouve ...(6)... la commune de St Jean, ...(7)... l'altitude 101, ...(8)... de la D35, un peu avant le pont ...(9)... le Crieulon. Pour aller ...(10)... Mas de l'Eglise ...(11)... Villesèque, on prend ...(12)... au carrefour de la D35, on passe ...(13)... les Plans et ...(14)... les Mazets.

Exercice 3. Composition

Reprenez l'extrait de carte à la page 4. Vous voyagez en chemin de fer depuis le pont situé au croisement des routes départementales D149, D182 et D200 (dans le coin supérieur droit de la carte), jusqu'à celui de la départementale D35 (bord inférieur de la carte). Composez un petit rapport écrit décrivant votre itinéraire et les paysages que vous rencontrez.

Exercice 4. Conversation

Nous nous référons de nouveau à la même carte. Vous êtes à Villesèque. Imaginons que vous prenez un verre avec des amis, à la terrasse d'un café. Un touriste se présente et vous demande le chemin de Logrian.

Discutez avec vos amis les différents itinéraires possibles, leurs avantages, leurs inconvénients, leurs longueurs. Choisissez le meilleur et indiquez-le au touriste. Donnez-lui suffisamment de repères pour qu'il ne se perde pas en route.

GLOSSAIRE

Deux remarques sur l'utilisation du mot 'rivière'
Généralement, on ne fait pas précéder le nom d'une rivière du mot rivière: On dit la Meuse, la Saône, etc et non pas la rivière Saône ou le fleuve Rhône. Le mot 'fleuve' n'est utilisé que pour les cours d'eau aboutissant directement dans la mer, comme l'Amazone, le Danube, le Rhin. La Marne, la Saône, la Moselle, etc sont des rivières et non des fleuves.

Réseau routier (*m*)	*Road system*	*Straßensystem*
autoroute (*f*)	motorway	Autobahn
route express (*f*)	fast road	Autoschnellstraße
route nationale (*f*)	trunk road	Bundesstraße
route départementale(*f*) route secondaire (*f*)	secondary road	Nebenstraße
route principale (*f*)	main road	Haupstraße
route à trois bandes (*f*)	three-lane road	dreispurige Straße
route de bonne viabilité	all-weather road	gut befahrbare Straße
chemin empierré (*m*)	metalled road	Pflasterspur
chemin bitumé (*m*)	asphalt track, tarred road	Asphaltspur
chemin (*m*) d'exploitation	farm track	Landwirtschaftsweg
laie forestière (*f*)	forest ride	Forstweg
sentier (*m*)	footpath	Fußweg
coupe-feu (*m*), ligne (*f*) de feu	fire-break	Brandschneise

Chemins de fer (*m*)	*Railway*	*Eisenbahn*
chemin de fer à simple voie	single-track railway	eingleisige Bahn
chemin de fer à double voie	double-track railway	zweigleisige Bahn
chemin de fer en tunnel	railway in tunnel	Tunnelbahn
chemin de fer à crémaillère	rack railway	Zahnradbahn
chemin de fer en construction	railway under construction	Bahn im Bau
chemin de fer abandonné	abandoned railway	stillgelegte Bahn
voie (*f*) de garage	siding	Abstellgleis

Cours (m) d'eau	*Watercourses*	*Wasserläufe*
fleuve (*m*)	river (discharging direct to the sea)	Strom
rivière (*f*)	river, stream	Fluß
oued (*m*)	wadi	Wadi
ruisseau (*m*)	brook, stream, creek (US), burn (Scots)	Bach
ruisselet (*m*), ru (*m*)	rivulet	Rinnsal
ruisseau à sec (*m*)	dry brook, dry stream	trockener Bach
canal navigable (*m*)	navigable channel	schiffbarer Kanal (Wasserweg)
cascade (*f*)	waterfall	Wasserfall (hoch)
chute (*f*)	waterfall, head of water	Wasserfall (niedrig)
rapides (*m. pl*)	rapids	Stromschnelle
torrent (*m*)	torrent, mountain stream	Wildbach
affluent (*m*)	tributary	Zufluß
confluent (*m*)	confluence, junction	Zussammenfluß
embouchure (*f*)	river mouth	Mündung
rive (*f*), berge (*f*)	bank, shore	Ufer, Gestade
Ouvrages hydrauliques	*Hydraulic works*	*Hydraulische Anlagen*
barrage (*m*)	dam, barrage	Staudamm
prise d'eau (*f*)	intake	Wassereinnahme
gué (*m*)	ford	Furt
bac (*m*)	ferry	Fähre
aqueduc (*m*)	aqueduct	Wasserleitung, Aquädukt
source (*f*), résurgence	spring	Quelle
fontaine (*f*)	fountain	(Spring-) Brunnen
puits (*m*)	well	Brunnen
citerne (*f*)	water tank	Zisterne, Wasserbehälter
château d'eau (*m*)	water tower	Wasserturm
abreuvoir (*m*)	drinking trough	Sauftrog
réservoir (*m*)	reservoir, tank	Reservoir, Wasserbehälter
éolienne (*f*)	windmill (pump)	Windmühle
lavoir (*m*)	wash house	Waschräume
fossé (*m*) de drainage	open drain	Entwässerungsgraben
Etendues d'eau	*Expanses of water*	*Wasserweiten*
étang (*m*)	pool, mere	Tümpel, Pfuhl
marais (*m*)	swamp	Sumpf
tourbière (*f*)	peat bog	Torfmoor
mare (*f*)	pond	Teich
lac (*m*)	lake	See

Particularités des routes	*Particulars of roads*	*Straßenbesonderheiten*
route en remblai (*f*)	embanked road	Straßendamm
route en déblai (*f*)	road in cutting	Straßeneinschnitt
mur de soutènement (*m*)	retaining wall	Stützmauer
passage à niveau (*m*)	level crossing	Bahnübergang
virage (*m*), courbe (*f*)	bend, corner, curve	Kurve
alignement droit (*m*)	straight, straight stretch	gerade Strecke
carrefour (*m*)	crossroads	Kreuzung
rayon (*m*) de courbure	radius of curvature	Krümmungsradius
pente (*f*)	slope, gradient	Gefälle

Limites de terrains (*f*)	*Boundaries*	*Begrenzungen*
haie (*f*)	hedge	Hecke
levée de terre (*f*)	earth bank	Erdwall, Erddamm
grillage (*m*)	railing	Gitter
grille en fer (*f*)	iron railing	Eisengitter
palissade (*f*)	palisade, wooden fence	Bauzaun
fil de fer (*m*)	steel wire	Eisendraht
tranchée (*f*)	trench, ditch	Graben
clôture (*f*)	fence	Umzäunung

Bâtiments (*m*)	*Buildings*	*Gebäude*
église (*f*)	church	Kirche
clocher (*m*)	steeple	Kirchturm
chapelle (*f*)	chapel	Kapelle
mairie (*f*)	town hall	Rathaus
gendarmerie (*f*)	police station	Polizeiamt
monument (*m*)	monument	Denkmal
cheminée (*f*)	chimney	Kamin, Schlot
baraquement (*m*)	hut	Bauhütte
kiosque (*m*)	kiosk	Kiosk
hangar (*m*)	shed, lean-to, hangar	Schuppen
moulin à vent (*m*)	windmill	Windmühle
gazomètre (*m*)	gasometer	Gaskessel
haut-fourneau (*m*)	blast furnace	Hochofen
puits de mine (*m*)	mineshaft	(Bergwerks-) Schacht
château (*m*)	castle, country house	Schloss
ferme (*f*)	farm	Bauernhof

Autres points singuliers	*Other details*	*Andere Details*
signal géodésique (*m*)	survey station, geodetic mark	geodätiches Festpunkt
cimetière (*m*)	cemetery	Friedhof
tombeau (*m*)	tomb, grave	Grab
pylone (*m*)	pylon	Mast

abri (*m*)	shelter	Schutz, Unterstand
tour (*f*)	tower	Turm
point de vue (*m*)	view point	Aussichtspunkt
terrain d'atterrissage (*m*)	landing strip	Landestelle, Flugplatz
carrière (*f*)	quarry	Steinbruch
sablière (*f*)	sand pit	Sandgrube
affleurement rocheux (*m*)	rocky outcrop	Aufschluß
Occupation du sol (f)	*Land use*	*Bodennutzung*
forêt (*f*)	forest	Wald, Forst
bois (*m*)	wood	Wald (klein)
conifères (*m. pl*)	conifers	Nadelwald
broussaille (*f*)	scrub	Gebüsch
jardin (*m*)	garden	Garten
verger (*m*)	orchard	Obstgarten
pépinière (*f*)	nursery	Baumschule
peuplier (*m*)	poplar	Pappel
vigne (*f*), vignoble (*m*)	vine, vineyard	Weinberg
oseraie (*f*)	osier bed	Korbweidenpflanzung
parcelle (*f*)	parcel, plot	Parzelle
Autres termes topographiques	*Other topographic terms*	*Andere topographische Begriffe*
altimétrie (*f*)	altimetry	Höhenmessung
planimétrie (*f*)	planimetry	Flächenmessung
échelle (*f*)	scale	Maßstab
courbe de niveau (*f*)	contour	Schichtlinie, Höhenlinie
équidistance (*f*)	contour interval	Schichtenabstand
altitude (*f*)	altitude	Höhe
cote (*f*)	dimension, altitude	Kote
légende (*f*)	legend, key	Legende
symbole (*m*)	symbol	Zeichen
nivellement national (*m*)	ordnance survey	amtliche Landesvermessung
nivellement de premier ordre (*m*)	first order levelling	Vermessung erster Ordnung
Cartographie (f)	*Cartography*	*Kartographie*
couverture cartographique (*f*)	cartographic cover	Ausmaß der Kartierung
agrandissement (*m*)	enlargement	Vergrößerung
réduction (*f*)	reduction	Verkleinerung
carte (*f*)	map	Landkarte
institut cartographique (*m*)	mapping institute	kartographische Anstalt

Expressions (*f*)	*Expressions*	*Ausdrücke*
franchir un pont	to cross a bridge	über eine Brücke gehen
prendre la route	to take to the road, to start a journey	eine Reise antreten
prendre la route de Paris	to take the Paris road	die Straße nach Paris nehmen
se diriger vers. . . .	to go towards. . . .	in Richtung . . . fahren
Topographes (*m*)	*Surveyors*	*Landmesser*
chef de brigade (*m*)	survey team leader	Landmessertruppführer
brigade topographique (*f*) équipe de topographes (*f*)	survey team	Landmessertrupp
opérateur (*m*) opérateur topographique (*m*)	surveyor	Landmesser
porte-mire (*m*)	chainman, rodman	Feldmesser
Travaux topographiques (*m*)	*Topographic surveys*	*Topographische Aufnahmen*
nivellement (*m*)	levelling,	Nivellierung
triangulation (*f*)	triangulation	Triangulation
visée (*f*)	sight	Einstellung
lecture (*f*)	reading	Ablesung
report (*m*)	plotting	ausmessen
levé terrestre (*m*) levé sur le terrain	ground survey, field survey	Feldmessung
levé aérien (*m*) levé aérophotogrammétrique	aerial survey	Luftausmessung
Instruments topographiques (m)	*Surveying equipment*	*Meßgerät*
jalon (*m*), balise (*f*)	ranging rod	Jalon
mire (*f*)	staff, rod	Messlatte
borne (f)	boundary mark	Grenzmarke
repère (*m*)	bench mark	trigonometrischer Punkt
chaîne (*f*), chaîne d'arpenteur	measuring chain, chain, tape	Messband
fil à plomb (*m*), plomb (*m*)	plumb-bob	Senkel, Lot
niveau (*m*)	level	Wasserwaage
théodolite (*m*)	theodolite	Theodolit
tachéomètre (*m*)	tacheometer	Tachometer
clinomètre (*m*)	clinometer	Klinometer

Légende de la carte au 1/25 000

Autoroute (largeur réelle)		
Routes nationales	d'excellente viabilité	N.7
	de bonne viabilité	N.18
	de viabilité moyenne	N.498
Chemins départementaux	de bonne viabilité	D.6
	de viabilité moyenne	D.32
	de viabilité médiocre	D.334
Chemins empierrés	régulièrement entretenu	
	irrégulièrement entretenu	
Chemin d'exploitation		
Laie forèstière		
Sentier muletier, ligne de coupe		
Sentier		

Chemins de fer	à deux voies	
	à une voie	
	à voie étroite	
	en tunnel	
	à crémaillère	
	en construction	
	abandonné	
Voies de garage		
Voie inférieure à 1 m, tramway		
Electrobus		
Chemin de fer transporteur, plan incliné		
Câble transporteur, téléphérique		
Câbles transporteurs d'énergie électrique		

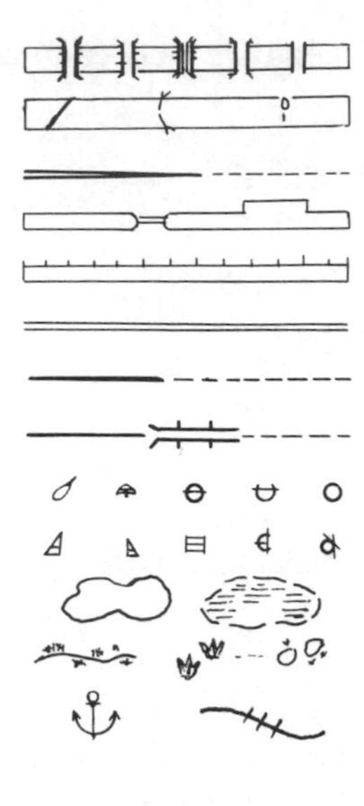

Ponts (pierre, bois, fer, suspendu), passerelle
Barrage et prise d'eau, gué, bac
Ruisseau. Ruisseau à sec

Canaux:
- navigable avec écluse, port
- à traction mécanique
- non navigable
- de dérivation, à sec

Aqueducs: sur le sol, sur viaduc, souterrain
Source Fontaine, puits, citerne, château d'eau
Abreuvoir, lavoir, réservoirs, eolienne
Etangs: permanent, périodique
Galets, graviers, marais, tourbière
Origine de la navigation, cascade

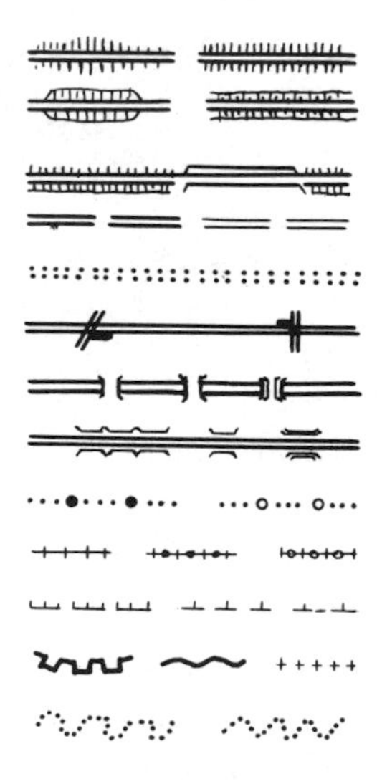

Routes en remblai
Routes en déblai

Murs de soutènement
Routes en construction
Vestiges d'ancienne voie carrossable

Passages:
- à niveau
- supérieurs
- inférieurs

Haie, haie avec arbres
Levée de terre, avec haie, avec arbres
Grille en fer, palissade, fil de fer
Tranchée, boyau, réseau de fil de fer
Vestiges de guerre, tranchée, boyau

Signaux géodésiques
Eglises, clocher, chapelle, petite chapelle

Mairie, gendarmerie, monument, cheminée

Caserne, hôpital, couvent — Casne, Hal, Couvt

Bâtiments importants, usine avec cheminée

Baraquement, kiosque, halle ou hangar

Moulin à eau, à vent, habitations souterraines

Gazomètre, haut fourneau, puits de mine, grotte

Murs, murs en ruines, ruines

Cimetières: chrétien, israélite

Station de télégraphie, de téléphonie sans fil, pylône

Abris: ordinaire, bétonné, tour, point de vue

Terrains d'atterrissage (1–2), base d'hydravions

Rochers, affleurement rocheux

Carrière, sablière

Courbes: intercalaire (1) sous-intercalaire (2)

Courbe de cuvette (flèche dirigée vers le fond)

Bois

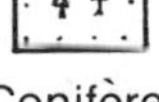

Conifères

Broussailles hautes

Broussailles basses

Jardins

Verger

Pépinière

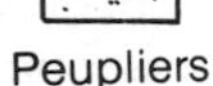

Peupliers

Vignes

Oseraie

Limite de camp, limite de concession minière

Limites
- d'état
- de département, d'arrondissement
- de canton, de commune

Leçon 2: Les projets de développement

VOCABULAIRE TECHNIQUE

Les Opérateurs

Voyons quels sont les rôles joués par: le **maître d'ouvrage,** l'**entrepreneur,** l'**ingénieur-conseil,** le **bureau d'études,** l'**architecte,** l'**urbaniste,** le **topographe.**

La réalisation de projets de génie civil nécessite une collaboration de plusieurs personnes dont les responsabilités sont très différentes: le maître d'ouvrage, l'ingénieur-conseil et l'entrepreneur. L'ingénieur-conseil joue un rôle d'intermédiaire entre le maître de l'ouvrage ou maître d'ouvrage, qui est le propriétaire du projet, et l'entrepreneur, qui prend en charge sa réalisation. Sa mission consiste à formuler les intentions du maître d'ouvrage sous forme de **plans** et de cahiers de charge qui seront suivies par l'entrepreneur.

Le terme 'ingénieur-conseil' est un terme général qui désigne la personne ou la société ou le groupement chargé de l'établissement des plans et des spécifications. On utilise souvent des termes plus spécialisés tels que:

architecte pour les projets de bâtiment
urbaniste pour les projets d'aménagement urbain
cabinet d'ingénieurs-conseils pour un groupement de quelques ingénieurs
bureau d'études pour une organisation d'une certaine importance;
atelier d'architecture désigne parfois une association d'architectes
bureau de topographie désigne une société spécialisée dans les levés de terrain.

On préférera parfois le mot bureau d'études au mot ingénieurs-conseils pour désigner une organisation importante, couvrant plusieurs spécialités, dont certaines ne relèvent pas strictement de l'ingénierie. Mais le plus souvent, on ne fait pas beaucoup de différence entre les deux termes.

Enfin, on appelle **ensemblier,** une organisation spécialisée dans la fourniture clé-en-main ou clé-sur-porte d'un ouvrage ou d'un projet. L'ensemblier prend en charge les études, la réalisation et souvent le financement du projet.

Exercice de compréhension

Choisissez la phrase correcte dans chacune des séries suivantes.

1. Le maître d'ouvrage:
   (*a*) choisit et dirige directement les sous-traitants.
   (*b*) est le propriétaire des ouvrages à construire.
   (*c*) est l'intermédiaire entre le bureau d'études et l'ingénieur-conseil.
2. Le bureau d'études:
   (*a*) est l'intermédiaire entre le maître d'ouvrage et l'entrepreneur.
   (*b*) est chargé des travaux de réalisation.
   (*c*) prend l'initiative de lancer le projet.
3. L'entrepreneur:
   (*a*) établit les plans et spécifications pour le compte du maître d'ouvrage.
   (*b*) est un ingénieur-conseil chargé de l'étude de projets importants.
   (*c*) s'occupe de la réalisation des travaux.
4. L'ensemblier:
   (*a*) est responsable de l'étude et de la réalisation des projets.
   (*b*) est un bureau d'études spécialisé dans la coordination des chantiers.
   (*c*) est un ingénieur spécialisé dans les levés topographiques des sites.

Les phases de développement des projets, vue d'ensemble

Chaque opérateur a sa propre manière de décomposer un projet en ses différentes phases. (Voir la page 20.)

Les faux amis

Il y a aussi le problème des faux amis, c'est-à-dire des mots appartenant à des langues différentes, qui se ressemblent et ne signifient pas la même chose. Par exemple: les mots *étude de faisibilité, feasibility study* et *Feasibility Studie* couvrent des travaux différents. A cet égard, l'emploi de termes anglais ou dérivés de l'anglais par les organismes internationaux de financement, ajoute à la confusion. Il arrive qu'on traduise 'feasibility study' par 'étude de faisibilité', surtout depuis quelques années. Nous donnons quelques indications sur cette terminologie complexe, mais il est toujours prudent dans une conversation et plus encore

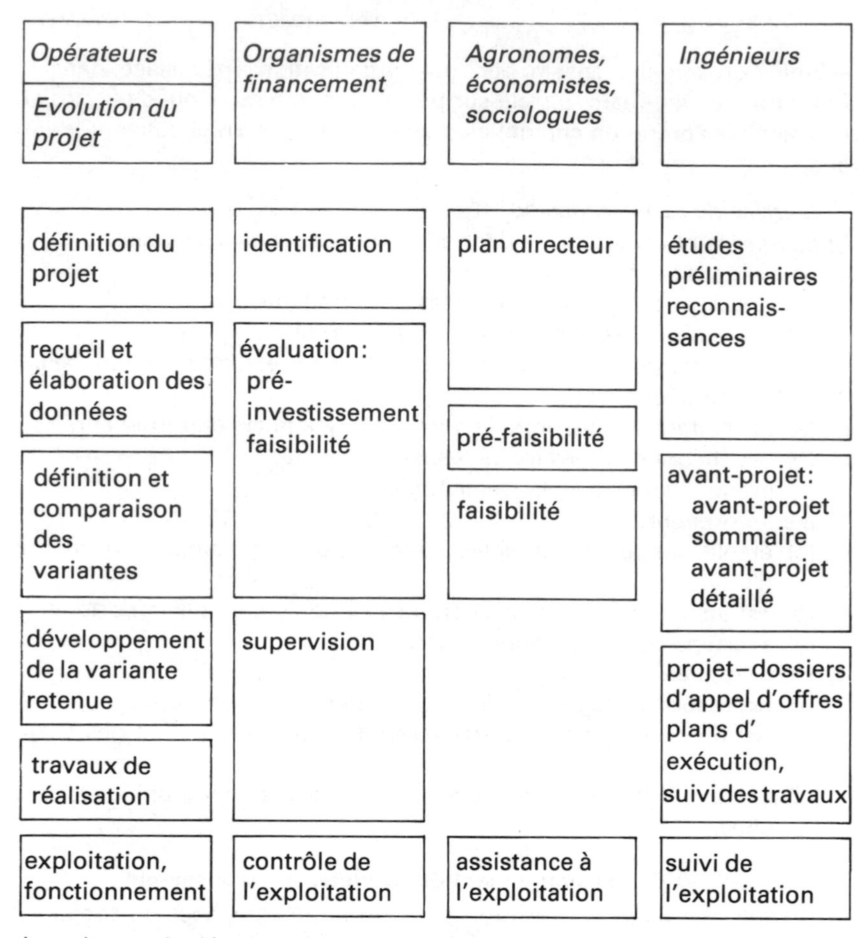

Les phases de développement

dans une correspondance ou un contrat de rappeler la définition des termes qu'on utilise.

Ainsi, la distinction entre un avant-projet sommaire, un avant-projet semi-détaillé et un avant-projet détaillé est très variable. Il n'existe pas de définition internationale de ces termes. Pour éviter des malentendus, on pourra définir dans chaque cas la précision et l'échelle des plans qui seront fournis à chacune de ces phases.

Enfin, on notera qu'en français le terme 'études' est un terme très général qui couvre pratiquement toutes les interventions des ingénieurs-conseils, du début à la fin du projet, sur le terrain comme au bureau. Pour distinguer différentes phases ou différents types d'études, on parlera par exemple, d'**études de terrain**, d'**études de marché**, d'**études d'impact**, d'**études d'exécution**, d'**études de béton armé**, etc.

Exercice de compréhension

Les phrases suivantes sont-elles vraies ou fausses? Si elles sont fausses, expliquez pourquoi.

1. Il est entendu internationalement que les plans d'avant-projet sont toujours produits à l'échelle 1/5000.
2. L'étude de faisibilité des agronomes fait partie de la phase d'évaluation des organismes financiers.
3. C'est au cours de l'avant-projet que les ingénieurs définissent et comparent les variantes.
4. Généralement, les économistes interviennent surtout au niveau de l'établissement des dossiers d'appel d'offres.
5. Le terme 'feasibility study' des organismes de financement correspond à ce qu'on appelle en français étude de faisibilité ou de factibilité.

Les phases des projets vues par les organismes de financement

Certaines banques internationales de développement distinguent

l'identification du projet
définition des objectifs, inscription dans un plan de développement, approbation par les autorités compétentes.

l'évaluation du projet
estimation du coût et des avantages, des difficultés techniques et autres et de la rentabilité du projet.

la supervision
contrôle par la banque des études et de la réalisation des ouvrages.

contrôle de l'exploitation.

La phase d'évaluation est parfois décomposée comme suit.

étude de pré-investissement
identification des problèmes techniques, schéma d'aménagement, évaluation sommaire des coûts.

étude de falsibilité
évaluation détaillée des problèmes techniques, définition et com-

paraison des variantes, évaluation économique précise, y compris calcul du taux de rentabilité interne.

Exercice de compréhension

Placez les phrases suivantes dans leur ordre chronologique. Formez des phrases pour exprimer la chronologie que vous avez choisie, en suivant par exemple le modèle suivant.

Pour un agronome, l'étude d'un projet comporte d'abord le plan directeur, ensuite l'étude de préfaisibilité, enfin l'étude de faisibilité.

1. identification du projet — contrôle de l'exploitation — supervision des études
2. étude de faisibilité — supervision des travaux — étude de pré-investissement
3. études — exploitation — réalisation des travaux

Les phases des projets vues par divers spécialistes

D'autre part, des spécialistes tels que les agronomes, les agro-économistes, les sociologues, parleront de

plan directeur
pour la définition des grandes lignes du projet
étude de pré-faisibilité
pour la reconnaissance et l'évaluation des problèmes ou la définition des schémas d'aménagement possibles
étude de faisibilité
pour la comparaison des variantes et l'évaluation économique du projet.

Les phases des projets vues par les ingénieurs

Pour les ingénieurs-conseils opérant en pays francophone, la décomposition est la suivante.

Les **études préliminaires** ou de reconnaissance
Pour l'ingénieur, c'est la phase des travaux de terrain, de reconnaissance du site et de recueil des données. Il assiste également les autres spécialistes pour l'identification des problèmes techniques et l'analyse économique du projet.

L'**avant-projet**
définit plusieurs schémas d'aménagement, établit la comparaison technique et économique des variantes, et propose un choix de

schéma d'aménagement. C'est souvent à ce stade qu'on détermine si le projet est techniquement réalisable et qu'on analyse sa rentabilité économique. On distingue parfois l'avant-projet sommaire (APS) qui couvre la définition et la comparaison des variantes, et l'avant-projet détaillé (APD) qui consiste à développer la variante retenue par le maître d'ouvrage.

Le **projet**

consiste à détailler le schéma retenu sous forme de plans et de cahiers de charge. Les dossiers d'appel d'offres sont ensuite établis soit par les services du maître d'ouvrage sur base d'un APD, soit par l'ingénieur-conseil. Ils doivent donner aux entrepreneurs une idée claire des travaux pour leur permettre de calculer leurs prix.

Le **projet d'exécution**

qui comprend les plans de chaque détail de construction et notamment les plans et les bordereaux d'armatures des ouvrages en béton armé, est parfois réalisé aux frais de l'entrepreneur.

Le **suivi des travaux**

Au cours de la réalisation, l'ingénieur-conseil vérifie si les travaux exécutés par l'entrepreneur sont conformes aux plans et aux cahiers de charge.

L'**assistance à l'exploitation**

Mise en service, encadrement et formation, consignes de manoeuvre, etc.

Exercice de compréhension

Choisissez la bonne réponse.

1. La rédaction des cahiers de charge se fait au niveau
   (*a*) de la phase d'identification du projet.
   (*b*) de l'établissement des dossiers d'appel d'offres.
   (*c*) du suivi des travaux.
2. L'établissement des plans et des bordereaux d'armatures est généralement effectué par
   (*a*) le maître d'ouvrage.
   (*b*) l'entrepreneur.
   (*c*) l'ingénieur-conseil.
3. Ce que les agronomes appellent étude de faisibilité correspond pour les ingénieurs
   (*a*) au plan directeur d'aménagement.
   (*b*) à l'avant-projet sommaire.
   (*c*) à l'avant-projet détaillé.

4. Le calcul du taux de rentabilité interne par les économistes se fait au niveau de
   (*a*) l'avant-projet.
   (*b*) l'identification du projet.
   (*c*) l'assistance à l'exploitation.

CONVERSATION

Voici quelques indications sur les expressions utilisées dans les conversations téléphoniques.

Ici, X. X à l'appareil	sont utilisées pour se présenter au téléphone.
C'est de la part de X Pourrais-je parler à Y Je voudrais parler à Y Passez-moi Y	indique la personne à laquelle on veut s'adresser.
A qui ai-je l'honneur? C'est de la part de qui? Qui est à l'appareil?	sont utilisées pour demander à l'interlocuteur de se présenter.
A qui voulez-vous parler? C'est pour qui? Qui voulez-vous? C'est à quel sujet?	sont des formules utilisées par le standardiste pour identifier la personne à contacter.
Restez en ligne Attendez un moment Je vais voir s'il est là Ne coupez pas	sont utilisées pour demander à l'interlocuteur d'attendre sans raccrocher.

Smith doit envoyer un agronome au Cameroun. Il téléphone à son ami Dupont, qui dirige un bureau d'études français pour lui demander s'il pourrait lui détacher un de ses employés. Smith doit d'abord expliquer les raisons de son coup de téléphone au standardiste et à la secrétaire. Les phrases échangées à ce moment sont polies et conventionnelles.

Je suis désolée, ... — Je vous prie, ...

Ensuite, on le met en communication avec Dupont et le ton devient plus direct, plus chaleureux. Les amis se tutoient. Remarquez en particulier quelques expressions qu'il faut réserver à une conversation entre amis ou collègues

Bonjour mon vieux, comment vas-tu? — Je t'écoute. Bon, écoutes mon vieux... — Je te vois venir. — Blague à part. — Tu sais comment ça va. — Ca te va?

Conversation téléphonique

Smith Allo, c'est bien le bureau d'études Dupont?

Stand. Certainement. **A qui voulez-vous parler**?

Smith Je voudrais parler au directeur, Monsieur Bernard Dupont, je vous prie.

Stand. Restez en ligne, **je vous passe sa secrétaire.**

Secrétaire Allo, ici le secrétariat de Monsieur Dupont. **A qui ai-je l'honneur?**

Smith Alan Smith **à l'appareil.** Je voudrais parler à Monsieur Dupont.

Secrétaire Je suis désolée, Monsieur Dupont est très occupé pour le moment. Est-ce qu'il peut vous rappeler?

Smith Ecoutez, Mademoiselle, je pars pour l'étranger dans quelques instants, alors soyez gentille, passez moi Monsieur Dupont. Je ne le dérangerai que quelques minutes. Dites lui que c'est de la part de Smith.

Secrétaire Voilà, je vous passe M. Dupont.

Smith Allo Dupont? Ici, Smith.

Dupont Bonjour, mon vieux. Comment vas-tu?

Smith Très bien, merci. Et toi, très occupé comme toujours?

Dupont Eh oui, c'est la vie des ingénieurs-conseils, comme tu sais. Et toi, comment vont tes affaires?

Smith Pas mal. C'est précisément pour affaires que je te téléphone.

Dupont Je t'écoute. Quel est le problème?

Smith C'est un problème d'agronome. Ma société a été chargée de l'étude d'un projet d'irrigation au Cameroun et nous cherchons un bon agronome pour participer au recueil des données sur le terrain.

Dupont Je te vois venir. Tu veux un expert trilingue, avec 20 ans d'expérience dont la moitié en Afrique, ce soir à Douala. C'est ça?

Smith Blague à part, est-ce que cette affaire t'intéresse?

Dupont En principe, toutes les affaires m'intéressent. En pratique, il faut que je puisse trouver la bonne personne au bon moment. Est-ce que le maître d'ouvrage a défini le profil de cet agronome?

Smith Pas d'une manière très précise. Mais j'estime qu'il devrait avoir au moins dix années d'expérience et une bonne connaissance de l'agriculture tropicale.

Dupont Et pour quand veux-tu cette perle rare?

Smith Tu sais comment ça va: la date de la mission n'est pas encore fixée définitivement, mais ce sera probablement en juin.

Dupont Bon. Ecoutes, mon vieux. Je suis en réunion pour le moment et je ne peux pas te répondre immédiatement. Si tu veux, laisses tes coordonnées à ma secrétaire et je te rappellerai. O.K.?

Smith D'accord. J'attendrai ta réponse au Cameroun.

Dupont Ah bon, mais où es-tu en ce moment?

Smith Je suis toujours en Europe, mais je serai là-bas demain matin et je compte y rester une semaine.

Dupont Eh bien, c'est entendu, tu auras de mes nouvelles dans les huit jours. Ca te va?

Smith C'est parfait.

Dupont Allez bon voyage alors, et bonne chance là-bas.

Smith Merci. A bientôt.

EXERCICES

Exercice 1. Compréhension des textes

Trouvez la définition correspondant à chacun des mots et formez des phrases suivant le modèle.

C'est au cours de la phase d'*avant-projet* que le bureau d'études *établit la comparaison technico-économique des variantes.*

projet — étude de faisibilité — projet d'exécution — études préliminaires — suivi des travaux

1. recueille les données utiles pour la suite des études.
2. établit les plans et les spécifications.
3. vérifie si les travaux sont conformes aux plans.
4. établit les plans détaillés des ouvrages.
5. analyse la rentabilité économique du projet.

Exercice 2. Construction des mots et des phrases

(*a*) Identifiez les lignes qui se correspondent dans les deux colonnes.

1. l'établissement des dossiers d'appel d'offres	(*a*) l'entrepreneur
2. l'étude des bâtiments	(*b*) le topographe
3. les études d'aménagement urbain	(*c*) l'architecte
4. la réalisation des travaux	(*d*) le bureau d'études
5. les levés topographiques	(*e*) l'urbaniste

Exercice 2 Construction des mots et des phrases

(*b*) Même exercice. Construisez une phrase à partir de chaque ligne de mots d'après les modèles suivants.

Le topographe prend en charge le levé topographique du site.

Le levé topographique du site est pris en charge par le topographe.

La responsabilité du levé topographique du site incombe au topographe.

Exercice 3. Conversation téléphonique

Vous êtes M. Bedon, architecte. Vous recevez un coup de téléphone d'un client. Répondez-lui.

	Smith	Allo, puis-je parler à l'architecte Bedon, s'il vous plaît?
1.	*Stand.*	....
	Smith	Allo, c'est Monsieur Bedon?
2.	*Bedon*	....
	Smith	Je m'appelle John Smith et je voudrais faire construire une maison. Pourriez-vous en établir les plans?
3.	*Bedon*	....
	Smith	Quelles sont les missions que vous pouvez prendre en charge?
4.	*Bedon*	....
	Smith	Vous pouvez également prendre en charge le suivi du chantier?
5.	*Bedon*	....
	Smith	Il me reste à vous demander comment vous calculerez vos honoraires?
6.	*Bedon*	....
	Smith	Eh bien, je crois qu'il serait utile de nous rencontrer. Pouvez-vous me fixer rendez-vous?
7.	*Bedon*	....
	Smith	Ça me convient. A bientôt, Monsieur Durand.
8.	*Bedon*	....

GLOSSAIRE

Les projets de développement

On a vu que les faux amis sont des mots qui malgré leur ressemblance ne couvrent pas la même réalité. Rappelons-en quelques-uns.

Etudes

on rappellera que études est un mot très général, qui peut couvrir l'ensemble des interventions d'un bureau d'études, alors que studies en anglais et Studie en allemand sont beaucoup plus spécifiques.

Design

Design se traduit parfois par études, mais rarement par dessin.

Etudes de faisibilité

On a vu également que les ingénieurs francophones ne considèrent pas les études de faisibilité comme une phase distincte de l'établissement d'un projet, contrairement à leurs collègues notamment anglais (feasibility study).

Une autre difficulté vient de ce que la décomposition d'un projet en ses différentes phases ne s'organise pas de la même façon dans tous les pays. Prenons l'exemple d'un projet de station d'épuration ou de traitement d'eau. Un maître d'ouvrage français demandera à son bureau d'études de définir les compositions de l'eau à l'entrée et à la sortie de la station et de donner quelques indications sur la filière de traitement. Dans ce cas, le dossier d'appel d'offres définira essentiellement les performances à obtenir et l'entrepreneur ou l'ensemblier pourront choisir librement les équipements qu'ils proposent.

Il existe un autre système, très répandu dans d'autres pays, qui consiste à étudier au départ tous les détails de la station, à préciser le choix des équipements et à donner leurs spécifications. Les dossiers d'appel d'offres de ce système sont évidemment beaucoup plus détaillés que ceux du système français. Pourtant, ils correspondent en principe à une même phase du projet.

En conclusion, on retiendra qu'il est plus utile de rechercher le contenu des mots que leur simple traduction.

Les parties concernées (f), les opérateurs (m)	*Parties concerned*	*Betroffene Parteien*
ingénieur(s)-conseil (*m*),	consulting engineer(s)	beratende Ingenieure,
bureau d'études (*m*)	design agency	technische Berater
maître d'ouvrage (*m*)	owner, client	Bauherr

client (*m*)	client	Auftraggeber, Klient, Kunde
maître d'oeuvre (*m*)	contractor, contractor's agent	Baumeister
financier (*m*)	lending firm	Kreditanstalt
agence internationale de financement (*f*)	international lending agency	internationale Kreditbehörde
bureau de topographie (*m*)	surveyor's office	Vermesserbüro
entrepreneur (*m*)	contractor	Bauunternehmer
Les spécialistes (m) et leurs spécialités (f)	*Specialists and their fields*	*Fachleute und ihre Fachgebiete*
architecte (*m*), architecture (*f*)	architect, architecture	Architekt, Architektur
urbaniste (*m*), urbanisme (*m*)	town planner, town planning	Städteplaner, Städteplanung
géomètre (*m*), topographe (*m*), topographie (*f*)	surveyor, surveying	Vermesser, Vermessung
pédologue (*m*), pédologie (*f*)	soil scientist, soil science	Bodenkunde
agronome (*m*), agronomie (*f*)	agriculturalist, agriculture	Landwirtschaftler, Landwirtschaft
économiste (*m*), économie (*f*)	economist, economics	Ökonom, Wirtschaftler, Wirtschaftswissenschaft
sociologue (*m*), sociologie (*f*)	sociologist, sociology	Soziologe, Soziologie
hydraulicien (*m*), hydraulique (*f*)	hydraulic engineer hydraulics	hydraulischer Ingenieur, Hydraulik
géologue (*m*), géologie (*f*)	geologist, geology	Geologe, Geologie

Les missions de l'ingénieur conseil	*Work of the consulting engineer*	*Arbeit des beratenden Ingenieur*

La Fédération Internationale des Ingénieurs-Conseils (FIDIC) distingue cinq catégories de missions.

1. études de pré-investissement (*f*)	pre-investment studies	Vorinvestitionsstudien
2. étude et supervision des travaux:	design and supervision of works:	Bauplanung und Bauüberwachung:
étude d'avant-projet	concept design	Vorstudie
étude de base du projet	basic design	Projektierung

	services spéciaux (*m*) d'ingéniérie	special engineering services	Spezialdienstleistungen
3.	services spécialisés d'étude et de développement	specialized design and development services	Spezialdienstleistungen im Bereich Design und Entwicklung
4.	direction de projet (*f*)	project management	Projektleitung
5.	services consultatifs	advisory services	Beratungsdienst

A l'intérieur de ces grandes catégories, on peut encore distinguer

1.	reconnaissances (*f*)	preliminary studies, surveys	Erkündung, Untersuchung
2.	choix (*m*) du site (*m*)	site selection	Standortwahl
3.	inventaires des ressources (*m*)	resource inventory	Inventar der Mittel
4.	étude (*f*) de bassins (*m*) hydrographiques	hydrological study	Studie von Flußsystem
5.	évaluation (*f*) de scénarios (*m*) de développement (*m*)	studies of development patterns	Studie alternativer Entwicklungsmuster
6.	comparaison de variantes (*f*)	comparison of alternatives	Vergleich von Alternativen
7.	schéma d'aménagement (*m*)	development pattern, development layout	Entwicklungsmuster
8.	rentabilité (*f*) économique	economic viability	Wirtschaftsrentabilität
9.	plan (*m*)	drawing, plan	Zeichnung
10.	cahiers (*m*) de charge (*f*)	specification	Vertragsdokumente
11.	dossiers (*m*) d'appel (*m*) d'offres (*f*)	tender documents	Ausschreibungsunterlagen
12.	plans (*m*) d'exécution (*f*)	working drawings	Konstruktionszeichnungen

Enfin, la décomposition des projets par différents spécialistes fait apparaître les phases suivantes.

1.	études préliminaires, études de reconnaissance:	preliminary study:	Vorstudien:
	reconnaissance du site	site survey, site reconnaissance	Standortuntersuchung
	recueil des données	collection of data	Datensammlung

2. étude de pré-investissement	pre-investment studies, pre-investment report	Vorinvestierungsstudien
étude de faisabilité	project evaluation, feasibility study	Projektauswertung
3. plan directeur	master plan	
4. avant-projet (ou études d'avant-projet)	sketch design, feasibility study, pre-design	Durchführbarkeitsstudie
5. projet (ou études de projet)	design	Entwurf und Planung
projet détaillé	detailed design, design	Detailentwurf
établissement des dossiers d'appel d'offres	preparation of the tender documents	Vorbereitung der Ausschreibungsunterlagen
6. assistance au dépouillement des offres	assistance in the tender analysis	Mithilfe bei der Auswertung
7. direction des travaux:	supervision of the works:	Überwachung der Bauarbeiten:
projet d'exécution	working design, final design	Arbeitsentwurf
vérification des factures	checking certificates	Überprüfung der Rechnungen
métré	measurement	(Ver-) Messung
assistance aux réceptions	assistance in commissioning	Mithilfe bei der Inbetriebnahme
plans de recollement	'as-constructed' drawings	Pläne des fertigen Projekts
8. assistance (*f*) à la mise en service et à la mise au point	supervision of putting into service and running in	Mithilfe bei der Zubetriebnahme und beim Betrieb
rédaction des manuels d'exploitation	drawing up of operation manuals	Verfassung von Betriebsanleitungen
assistance à l'entretien	supervision of maintenance	Mithilfe bei der Instandhaltung

Les différents types d'études	*Different types of study*	*Verschiedene Arten von Studien*
étude de terrain	field investigation, survey	Felduntersuchung
étude d'impact	impact study	Impaktstudie
étude de marché	market study	Marktstudie
étude d'exécution	working design	Bauplanung
étude de béton armé	reinforced concrete design	Stahlbetonentwurf

étude topographique	topographic surveys	topographische Untersuchungen
étude hydrologique	hydrologic studies	hydrologische Studien
étude géophysique	geophysical investigation	geophysikalische Untersuchungen
étude pédologique	soil survey	Bodenuntersuchung

Au téléphone

Opérations	*Operations*	*Vorgänge*
décrocher	to lift the receiver	den Hörer abnehmen
attendre la tonalité	to wait for the dialling tone	auf das Amtszeichen warten
former l'indicatif et le numéro	dial the code and number	die Vorwahl und die Nummer wählen
laisser sonner	to let the phone ring	das Telefon läuten lassen
être en ligne	to be connected	verbunden sein
transférer sur une autre ligne	to transfer to another line	auf eine andere Leitung umschalten
changer d'extension	to change extension	auf einen anderen Apparat wechseln
raccrocher	to put the receiver down	den Hörer auflegen
la ligne est occupée	the line is engaged	die Leitung ist besetzt

Les services téléphoniques	*Telephone services*	*Telefondienst*
renseignements	enquiries	Informationsdienst
dérangements	fault repair service	Stördienst
communications internationales	international service	internationaler Anschluß
tarification (*f*)	call charge	Telefongebühr
appel d'urgence (*m*)	emergency call	Notruf
télégramme (*f*)	telegram	Telegram
horloge parlante	speaking clock	Zeitdienst
radio-téléphone	radiophone	telefonische Rundfunkdienst
prévision météorologique (*f*)	weather forecast	Wettervorhersage
service de réveil	alarm call	telefonischer Weckdienst
répondeur automatique	answerphone	automatischer Telefonbeantworter
annuaire	directory	Telefonbuch

Types de communication	*Types of phone call*	*Anrufsarten*
communication avec pré-avis, communication personnelle	personal call	persönlicher Anruf
communication avec avis d'appel	fixed-time call	Anruf mit Voranmeldung
communication en PCV (payable à l'arrivée)	reversed charge call	Gebühr bezahlt Empfänger
communication avec demande d'ID (de prix)	call with advice of charge	Anruf mit Gebührenangabe
communication conférence	conference call	Konferenzgespräch

Quelques expressions	*Some expressions*	*Einige geläufige Ausdrücke*
Société Smith, j'écoute. Société Smith, bonjour.	Smith's, good morning	Firma Smith, guten Tag.
A qui voulez-vous parler?	Who do you wish to speak to?	Mit wem möchten Sie sprechen?
Je vous le passe.	You are through now.	Ich verbinde Sie.
Il n'y a pas de réponse, ça ne répond pas, l'appelé ne répond pas.	There is no reply.	Ich bekomme keine Antwort.
Il n'est pas à son bureau.	He is not at his desk. He is not in his office.	Er ist nicht in seinem Büro.
A qui ai-je l'honneur? C'est de la part de qui?	Who is speaking?	Mit wem spreche ich? Wer ist am Apparat?
Je vous passe son adjoint, sa secrétaire.	I will pass you to his assistant, secretary	Ich verbinde Sie mit seinem Assistent, seiner Sekretärin
Smith à l'appareil	Smith here	hier Smith
La ligne est en dérangement	The line is out of order.	Die Leitung ist gestört.
La ligne est occupée.	The line is engaged.	Die Leitung ist besetzt.
Le téléphone sonne.	It is ringing for you.	Es läutet.
L'appelé ne répond pas.	I am getting no reply.	Herr . . . antwortet nicht.
J'appelle l'étranger.	I'm dialling abroad.	Ich telefoniere ins Ausland.
J'entends la tonalité de sonnerie.	I can hear a ringing tone.	Ich kann es läuten hören.
J'appelle de l'étranger.	I am calling from abroad.	Ich rufe aus dem Ausland an.

Leçon 3: Le béton

VOCABULAIRE TECHNIQUE

Les différents types de béton

On peut trouver sur les chantiers de génie civil des types de béton très différents. Chacun correspond à un besoin spécifique. Le **béton asphaltique** est utilisé pour le revêtement des routes, le **béton de terre** est surtout utilisé dans les régions où les autres matériaux sont rares et coûteux, le **béton cellulaire** est un béton léger comportant un grand nombre de pores sphériques. Dans tous ces cas, le mot 'béton' désigne un mélange artificiel de matériaux réunis par un liant.

Le béton le plus courant est constitué d'**agrégats,** de **sable** et de **ciment.** Ce mélange est souvent désigné par le seul mot 'béton'. C'est de lui que nous allons parler. Les principales caractéristiques de ce matériau sont sa **fluidité** à l'état frais et sa **résistance à la compression** après **durcissement.** On peut régler ces deux propriétés en choisissant la qualité et le **dosage des constituants.** Par exemple, en utilisant des **graviers** roulés, qui sont des agrégats aux formes arrondies, on obtient un béton plus fluide et légèrement moins résistant que avec des **pierres** concassées, agrégats aux formes anguleuses.

Exercice de compréhension

Les phrases suivantes sont-elles vraies ou fausses? Si elles sont fausses, expliquez pourquoi.

1. Le mot béton employé seul désigne un béton asphaltique.
2. Le béton cellulaire est un béton léger.
3. En utilisant des graviers roulés plutôt que des produits de concassage, on obtient un béton moins fluide.
4. La fluidité est une caractéristique du béton durci.
5. Les concassés sont des agrégats aux formes anguleuses.

La manipulation du béton

Les techniques de fabrication, de **transport** et de **mise en oeuvre** du béton sont maintenant très développées. Sur tous les chantiers importants on emploie des installations mécanisées de **dosage,** de **mélange** et de préparation du béton, qu'on appelle **centrales à béton.** L'entrepreneur peut également s'adresser à une firme spécialisée dans la fabrication du **béton préparé** et lui commander une quantité quelconque de béton en précisant sa composition. Dans ce cas le matériau est livré dans des **camions malaxeurs,** dont la **benne** rotative évite un durcissement précoce. Enfin, les **pompes à béton** sont des machines mobiles, généralement montées sur camion, qui pompent le béton à travers un tuyau flexible depuis le sol jusqu'au point où il doit être coulé. Certains de ces équipements sont schématisés à la fin du glossaire (pages 47–51).

Exercice de compréhension
Complétez le texte en remplissant les blancs.

Le béton peut être soit fabriqué sur ...(1)..., soit ...(2)... par une firme spécialisée utilisant des camions ...(3)... dont la ...(4)... rotative évite un ...(5)... précoce du ...(6).... Les ...(7)... à béton assurent le ...(8)... du béton à partir du sol.

Les bétons armés et précontraints

Le béton est un matériau qui présente une bonne résistance à la compression, généralement entre 250 et 500 kg/cm^2 (kilos par centimètre carré). Malheureusement, sa **résistance en traction** est très faible. On est donc obligé de combiner le béton avec de l'acier: ce sont les **bétons armés** et **précontraints.**

Le principe du béton armé est de placer des armatures dans le béton pour résister aux sollicitations en traction. On distingue les **armatures longitudinales** et **transversales,** les **épingles,** les **cadres,** les **étriers,** les **grilles,** etc. La réalisation d'éléments en béton armé se fait en plusieurs étapes. On installe tout d'abord un **coffrage** en bois ou **métallique,** dont la rigidité doit être suffisante pour supporter sans déformation le poids du béton frais. On dépose ensuite les armatures dans le coffrage et on les y fixe. Enfin, on **coule** le béton frais dans le coffrage et on le tasse, soit manuellement soit de préférence avec des **aiguilles vibrantes.**

Le principe du béton précontraint consiste à appliquer au béton une contrainte opposée à celle qui le sollicitera en service ordinaire. Les poutres en béton précontraint peuvent être **coulées sur place** mais elles sont souvent **préfabriquées,** c'est à dire qu'on les fabrique en usine ou dans un atelier proche du chantier et qu'on les met en place après durcissement.

Exercice de compréhension

Trouvez le mot français correspondant aux définitions suivantes.

1. Matériau composite comportant des armatures pour la résistance à la traction
2. Structure provisoire destinée à maintenir le béton avant sa prise
3. Appareil mécanique destiné à tasser le béton frais
4. Béton soumis à une contrainte permanente opposée à celle des sollicitations de service
5. Tapis d'armatures formé de barres croisées dans un même plan

Ferraillage et coffrage d'une semelle

Exercice de compréhension

Remplissez les blancs de la liste en français, en utilisant les mots suivants: béton — béton armé — armature — coffrage.

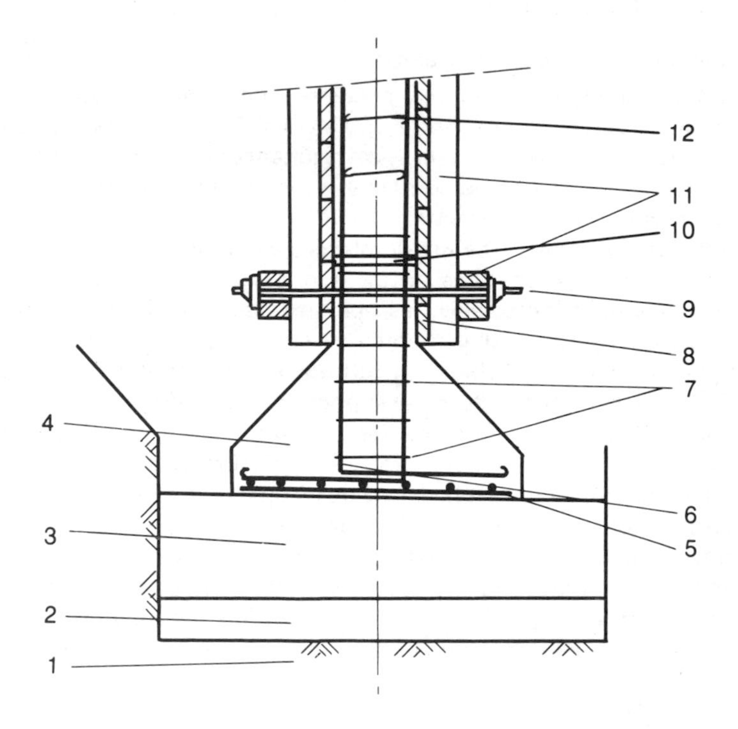

Ferraillage et coffrage d'une semelle	*Reinforcement and formwork of a foundation footing*	*Bewehrung und Schalung eines Fundaments*
1. terrain naturel	natural ground	gewaschsener Boden
2. béton de propreté	bedding, blinding layer	Sauberkeitsschicht
3. gros ...	mass concrete fill	Unterbeton
4. semelle en ...	reinforced concrete footing	Fundament
5. armature de répartition	distribution steel	Verteiler
6. ... verticale principale	main vertical reinforcement	Hauptbewehrungsstab
7. cadres, étriers	stirrup, binder	Bügel
8. ... en bois	timber shuttering	Schalung aus Holz
9. tirant de coffrage	tie bolt	Schalunganker
10. entretoise	spacer	Abstandshalter
11. raidisseur	soldier waling	Kantholz
12. épingle	link	Bügel

Ferraillage d'une poutre

Exercice de compréhension

Complétez les vides de la liste en français à la page 38.

Coupe longitudinale

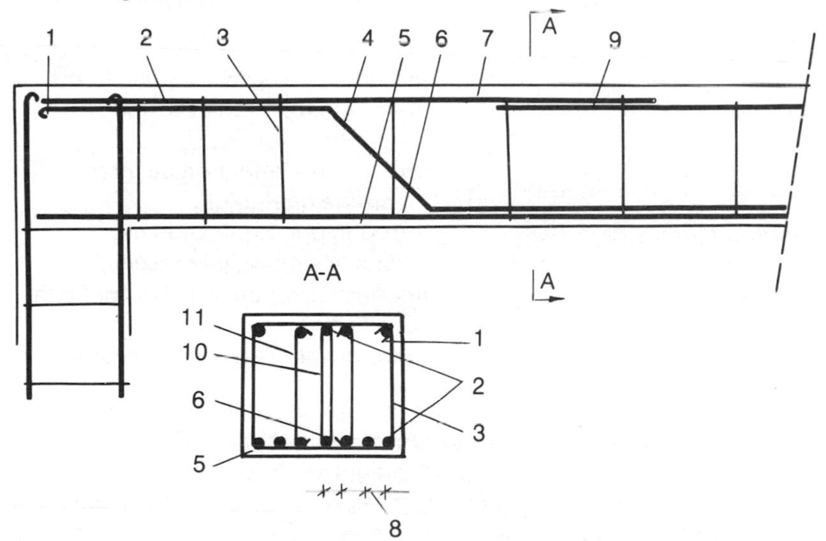

Ferraillage d'une poutre	*Reinforcement of a beam*	*Trägersbewehrung*
1. crochet d'armature, crosse	reinforcement hook	Berwehrungshaken
2. ... longitudinale, ... principale	longitudinal bar, main bar	Hauptbewehrung
3. cadre	stirrup, binder	Bügel
4. ... inclinée, relevée	bent up, inclined bar	abgebogene Stäbe
5. enrobage des armatures	concrete cover	Überdeckung
6. armature inférieure	lower bar, bottom bar	untere Bewehrung
7. armature supérieure	upper bar	obere Bewehrung
8. écartement, entredistance des armatures	spacing	Abstand
9. recouvrement des armatures	lap length	
10. étrier	stirrup	
11. épingle	link	

CONVERSATION

Conversation entre deux ingénieurs, MM. Smith et Dupont. Ce dernier est familier des problèmes de génie civil en pays francophone. Remarquez l'utilisation des expressions suivantes dans la conversation.

Certainement! Tout à fait d'accord!	marquent un accord résolu, ferme.
D'après toi,	pour demander un avis, une opinion.
Ecoute,	pour attirer l'attention ou interrompre quelqu'un.
Comprenons-nous bien.	introduit une explication plus détaillée de ce qui précède.
Tu sais, entre-nous	annonce une opinion plus confidentielle.
D'accord, mais...	marque poliment un désaccord.

Smith Est-ce que les ingénieurs européens utilisent couramment les normes relatives à la composition du béton?

Dupont Certainement. Il existe d'ailleurs un projet de norme européenne qui doit uniformiser les **normes en vigueur** dans les différents pays. Mais actuellement, ce sont encore les **normes**

nationales qui font loi: BA 68 en France, NBN 15 en Belgique, DIN 1045 en Allemagne, CP 110 en Grande Bretagne, etc...

Smith Il est regrettable en effet que les **réglementations** changent d'un pays à l'autre, alors que la technologie du béton est maintenant bien maîtrisée et qu'il n'y a pas grande différence entre les méthodes utilisées dans différents pays. Mais d'après toi, quels sont les facteurs qui influencent le plus la qualité d'un béton ordinaire?

Dupont Je citerais parmi les facteurs les plus importants: le dosage en ciment, le **rapport eau/ciment,** la **composition granulométrique des agrégats.** Cependant, les conditions de mélange et les conditions atmosphériques pendant le durcissement ont également une incidence sur la résistance du béton durci.

Smith Ecoutes, Dupont. Je pense pour ma part que le rapport eau/ciment le plus faible est aussi le meilleur du point de vue de la résistance du béton. Comprenons–nous bien: je veux dire que les quantités d'eau qu'il faut prévoir pour assurer une fluidité suffisante au béton frais sont toujours supérieures à celles qu'on calculerait pour obtenir la meilleure résistance. Es-tu de mon avis?

Dupont Tout à fait d'accord, mon vieux. C'est d'ailleurs une des raisons pour lesquelles on a développé l'utilisation d'additifs fluidifiants.

Smith Quels sont les autres additifs que tu as vu employer couramment?

Dupont Les plus connus sont les produits **imperméabilisants,** qui bouchent les pores du béton et empèchent ainsi le passage de l'eau à travers une paroi en béton. Il y a aussi les **accélérateurs** ou **retardateurs de prise,** les **anti-gel,** les **entraîneurs d'air**. Ce sont les plus courants.

Smith Tu sais, personnellement je suis de ceux qui pensent que rien ne vaut un béton naturel bien dosé et que ces **adjuvants** sont inefficaces si les règles de composition ne sont pas suivies.

Dupont D'accord Smith. Mais dans des cas spéciaux, on doit parfois rechercher des solutions spéciales. Le problème est le même pour les ciments: dans un cas ordinaire on emploiera le bon vieux Portland, mais dans certaines conditions on sera heureux de trouver un ciment à prise rapide ou un ciment sursulphaté. Pas vrai?

M. Smith, ingénieur, visite un chantier et donne des instructions au Marcel, contremaître, en vue du coulage de poutres en béton. Remarquez l'utilisation des expressions suivantes.

Où allons-nous?	indique une opposition à un fait existant.
Vous voudrez bien suivre les instructions. Je compte sur vous.	rappel à l'ordre d'un supérieur à un inférieur
Bien! Ce sera fait!	acceptation d'un ordre venant d'un supérieur

Smith Si je me souviens bien, le coulage des poutres est prévu pour onze heures.

Marcel Exact, Monsieur Smith. La centrale à béton a déjà commencé les dosages d'agrégats et tous les approvisionnements sont prêts.

Smith Est-ce qu'on a vérifié l'humidité des agrégats?

Marcel Je crois que ce n'est pas la peine. Avec ce soleil les sables et les graviers sont pratiquement secs.

Smith Ecoutez Marcel, si chacun sur ce chantier commence à arranger les choses à sa manière, où allons-nous? Je vous ai demandé de mesurer l'humidité des agrégats et d'ajuster en conséquence les quantités d'eau ajoutées au mélange; vous voudrez bien suivre les instructions. Ce n'est pas parce que le tas de sable est sec en surface qu'il ne contient pas d'eau à l'intérieur.

Marcel Je pensais ...

Smith On ne vous demande pas de penser!

Marcel Bien, ce sera fait.

Smith Je compte sur vous. Et maintenant voyons les coffrages. Ca me semble correct. Sauf ce coffrage vertical que vous devrez renforcer: il n'est pas assez rigide. OK?

Marcel D'accord. Je dois encore vous montrer la poutre P7 au rez-de-chaussée. Les armatures sont trop rapprochées et le coulage du béton sera bien difficile.

Smith Les armatures sont déjà en place? Oui. Bon. Et bien ce n'est pas un problème. On préparera un mélange spécial avec des agrégats plus petits, le béton coulera mieux et ça passera.

Marcel Pas d'autre remarque?

Smith Non. Je crois que c'est en ordre, on peut couler.

EXERCICES

Exercice 1. Compréhension des textes

Ce premier exercice est un contrôle de la compréhension des textes qui précèdent. Il s'agit de lire chaque ligne et de déterminer si son contenu est vrai ou faux.

1. En général, le mot béton désigne un mélange d'agrégats et de ciment.
2. Les agrégats comprennent du sable et du ciment.
3. Leur caractéristique importante est leur courbe granulométrique.
4. Un dosage eau/ciment faible assure une bonne fluidité.
5. La qualité de l'eau n'a aucune incidence sur la qualité du béton.
6. L'objet des armatures est de résister aux sollicitations en traction.
7. Le béton précontraint est un béton fabriqué en usine.
8. Le béton préparé arrive sur chantier à l'état frais.
9. L'humidité du sable n'a pas d'influence sur le dosage en eau.
10. Des armatures trop rapprochées gênent le coulage du béton.

Exercice 2. Prépositions

L'usage des prépositions est une des difficultés de la langue française. En particulier le choix entre *à, en, sur, dans*. Contrôlez votre maîtrise de ce problème en complétant les blancs des phrases suivantes au moyen de ces prépositions.

1. La résistance du béton ... la compression est de l'ordre de 250 kg/ cm^2.
2. Les armatures résistent ... une sollicitation ... traction.
3. Le béton frais est coulé ... les coffrages et tassé ... la main.
4. Les poutres préfabriquées sont coulées ... chantier ou ... usine.
5. Chacun arrange les choses ... sa manière.
6. Le sable est humide ... l'intérieur du tas.
7. Les coffrages sont ... ordre.
8. Chaque type de béton correspond ... un besoin particulier.
9. Le coulage se fait ... plusieurs étapes.
10. Les poutres en béton précontraint sont coulées ... place ou ... atelier.

Exercice 3. Composition

Vous participez à une réunion de chantier pour vérifier les coffrages et les armatures d'ouvrages en béton à couler sur place. Faites des remarques sur les coffrages et sur les armatures. Demandez pourquoi les armatures ne sont pas conformes aux plans. Entretemps, le béton préparé arrive sur chantier, il faut vérifier si sa composition et sa fluidité sont correctes. Imaginez d'autres péripéties. Par exemple téléphonez au fournisseur du béton préparé pour lui demander des renseignements ou lui passer commande. Supposez qu'une pluie imprévue modifie l'humidité des agrégats.

Si vous suivez ce cours en groupe, distribuez entre vous les rôles suivants: Dupont et Schmidt, ingénieurs; Marcel, contremaître; Georges, ferrailleur; Jean, coffreur; les Etablissements Truc, fournisseurs du béton préparé; Paul, leur camionneur.

GLOSSAIRE

Matériel/matériau

Notez la différence entre

matériel ou équipements nécessaires au fonctionnement d'un chantier: engins, outils, véhicules, etc

matériau ou matière utilisée pour la construction: agrégats, ciment, briques, etc.

Les opérations de mise en oeuvre (f)	*Site operations*	*Arbeitsgänge*
dosage des constituants (*m*)	batching of constituents	Dosierung der Bestandteile
doser	to batch	dosieren
mélange (*m*), gâchage (*m*), mélanger, gâcher	mix, to mix	Mischung
transport (*m*), transporter	transportation, to transport	Transport
mise en place (*f*), mettre en place	placing, casting to place, to cast	geißen
mise (*f*) en oeuvre	implementation	Durchführung
bétonnage (*m*), bétonner	concreting, to concrete	betonieren
serrage (*m*), compactage (*m*), serrer	compaction, to compact	Verdichtung, schwinden,
conservation (*f*),	curing	erhärten
vibrage (*m*)	vibration	Vibrierung
prise (*f*), prendre	set, to set	Härtung, Abbindung
durcissement (*m*), durcir	hardening, final set, to harden	Erhärtung, endgültige Härten

essais de contrôle (*m*)	test	Prüfung
couler	to pour, cast	gießen
couler sur place	to cast in situ	an Ort und Stelle gießen
préfabriquer	to precast	vorfertigen
préfabriquer en atelier	to precast in the factory	im Werk vorfertigen
préfabriquer sur chantier	to precast on site	auf der Baustelle vorfertigen
Les constituants (*m*)	*Ingredients*	*Bestandteile*
agrégats, granulats (*m*)	aggregates	Zuschläge, Grundbestandteile
gravier (*m*), pierraille (*f*), caillou (*m*)	gravel, crushed stone	Kies, Kiesel
sable (*m*)	sand	Sand
pierre (*f*)	stone	Stein
ciment (*m*)	cement	Zement
ciment Portland ordinaire (*m*)	ordinary Portland cement	gewöhnlicher Portlandzement
ciment de haut fourneau (*m*)	blastfurnace cement	Hochofenzement (HOZ)
ciment résistant aux sulfates (*m*)	sulphate resisting cement	sulfatbeständiger Zement
ciment à prise rapide	quick-setting cement	rasch abbindender Zement
ciment à faible chaleur d'hydratation (*m*)	low heat cement	Zement mit geringer Abbindewärme
ciment alumineux (*m*)	high alumina cement	Tonerdezement
liant hydraulique (*m*)	hydraulic binder	hydraulisches Bindemittel
liant hydrocarbonné (*m*), liant noir, liant routier	hydrocarbon binder	Wasserkohlenstoffbindemittel
Adjuvants (*m*)	*Additive, admixture*	*Zusatzmittel*
accélérateur de prise (*m*)	accelerator	Abbindebeschleuniger
retardateur de prise (*m*)	retarding agent	Abbindeverspätendes Mittel
fluidifiant (*m*), plastifiant (*m*)	plasticizer	Betonverflüßiger
aérateur (*m*), entraîneur d'air (*m*)	air-entraining agent	Luftporenzusatzmittel
imperméabilisant (*m*)	water-proofing agent	Dichtigkeitszusatz
anti-gel (*m*)	frost proofing	Frostschutzmittel

Caractéristiques du béton (f)	*Properties of concrete*	*Betoneigenschaften*
fluidité (du béton frais) (*f*)	plasticity (of fresh concrete)	Plastizität
résistance à la compression (du béton durci) (*f*)	compressive strength (of hardened concrete)	Druckfestigkeit
ouvrabilité (*f*)	workability	Verarbeitbarkeit
densité (*f*)	density	Dichte, Raumgewicht
essai de fluidité (*m*)	slump test, workability test	Plastizitätsprüfung
essai de résistance à la compression	crushing test	Druckfestigkeitsprüfung
essai de contrôle	control test	Prüfung
résistance en traction (*m*)	tensile strength	Zugfestigkeit
adhérence (*f*)	bond	Haftung
retrait (*m*)	shrinkage	Schwindung
fluage (*m*)	creep	Kriechen
fissure, fissuration	crack, cracking	Riss, Rissbildung

Différents types de béton (m)	*Different types of concrete*	*Verschiedene Betonarten*
béton asphaltique (*m*)	asphalt	Asphalt
béton de terre, terre stabilisée	stabilized earth	Erdbeton
béton de ciment, béton	concrete	Beton
béton léger	lightweight concrete	Leichtbeton
béton cyclopéen	cyclopean concrete	Beton mit Steineinlagen
béton de masse	mass concrete, bulk concrete	Massenbeton
gros béton	concrete fill, unreinforced concrete	Grobbeton
béton de propreté	blinding concrete	Sauberkeitsschicht
béton non armé	mass concrete	unbewehrter Beton
béton armé	reinforced concrete	Stahlbeton
béton pré-contraint	prestressed concrete	Vorspannbeton
béton coulé sur place	in situ concrete	Ortsbeton
béton préparé	ready-mix concrete	Transportbeton
béton préfabriqué	precast concrete	Fertigbeton
béton frais, pris	fresh, green concrete	Frischbeton
béton durci	hardened concrete	abgebundenes Beton
béton projeté	gunite, shotcrete	Spritzbeton
béton maigre	lean concrete	Magerbeton
béton gras	rich concrete	Beton mit hohem Zementgehalt

Agrégats spéciaux pour bétons légers (*m*)	*Special aggregates for lightweight concrete*	*Besondere Zuschläge für Leichtbeton*
laitier de haut fourneau (*m*)	blast-furnace slag	Schlacke
mâchefer (*m*)	clinker	Kesselschlacke
scorie volcanique (*f*)	cellular lava	porige Lavaschlacke
ponce naturelle (*f*)	natural pumice stone	Naturbims
argile expansée (*f*)	expanded burnt clay	Blähton
schiste (*m*)	shale	Tonschiefer
Agrégats spéciaux pour bétons lourds (*m*)	*Special aggregates for heavy concrete*	*Besondere Zuschläge für Schwerbeton*
limaille (*f*) d'acier	steel filings	Stahlspäne
grenaille de plomb (*f*)	lead shot	Bleischrot
barytine (*f*)	barytes	Baryt
Dosage des constituants (*m*)	*Batching of constituents*	*Dosierung der Bestandteile*
courbe granulométrique des agrégats (*f*)	aggregate grading curve	Kornverteilung des Zuschlagmittels
rapport eau-ciment (*m*)	water-cement ratio	Wasserzementverhältnis
dosage en eau (*m*)	water content	Wasserdosierung
Les joints (*m*)	*Joints*	*Fuge*
joint de dilatation (*m*)	expansion joint	Dehnungsfuge
joint de contraction (*m*)	contraction joint	Verkürzungsfuge
joint de construction (*m*), surface de reprise (*f*)	construction joint	Arbeitsfuge
joint de retrait (*m*)	shrinkage joint	Einschrumpffuge
Armatures (*f*)	*Reinforcement*	*Bewehrung*
barre d'armature en acier (*f*)	steel reinforcement bar	Stahlbewehrungsstab
armature longitudinale (*f*)	longitudinal reinforcement	Längenbewehrung
armature transversale	transverse reinforcement	Querbewehrung
étrier (*m*)	stirrup	Steigeisen
cadre (*m*)	binder	Bügel
épingle (*f*)	link	Bügel
treillis soudé (*m*) grillage soudé (*m*)	welded fabric, mesh reinforcement	Mattenbewehrung, Drahtgeflecht
armature de répartition (*f*)	distribution bar	Verteilereisen
spire (*f*), cerce (*f*)	hoop	Bandeisen, Stahlband
frettage en hélice (*m*)	helical binding	Spiralumschwürung
plan de ferraillage	reinforcement drawing	Bewehrungsplan

nuance d'acier	grade of steel	Stahlqualität
forme des barres	shape of bars	Stabform
Coffrages (*m*)	*Shuttering, formwork*	*Schalung*
coffrage provisoire	temporary formwork	provisorische Schalung
coffrage perdu	lost formwork	verlorene Schalung
coffrage en planches de bois, coffrage en bois	boarded formwork	Bretterschalung
coffrage métallique	steel formwork	Stahlschalung
coffrage en contre-plaqué	plywood formwork	Sperrholzschalung
coffrage glissant	sliding formwork, slip-form	Gleitschalung
coffrage roulant	travelling formwork	Wanderschalung
La main d'oeuvre de chantier	*Site labour*	*Baustellenpersonal*
équipe de travail (*f*)	working shift	Arbeitsschicht
main d'oeuvre (*f*)	labour	Arbeiterschaft
chantier (*m*)	site	Baustelle
main d'oeuvre qualifiée (*f*)	skilled labour	qualifizierte Arbeit
coffreur (*m*)	carpenter	Zimmermann
ferrailleur (*m*)	steelfixer, steelbender	Bewehrungsmonteur, Eisenleger
manoeuvre (*m*)	labourer	(ungelernter) Arbeiter Handlanger
artisan (*m*)	tradesman, craftsman	Handwerker
conducteur (*m*), conducteur d'engin (*m*)	driver, operator	Wagenführer
magasinier (*m*)	storekeeper	Magazinverwalter
Encadrement de chantier	*Site staff*	*Baustellenangestellten*
maître ouvrier (*m*)	chargehand	Vorarbeiter
chef d'équipe (*m*)	ganger	Rottenführer, Schichtführer
contremaître (*m*)	general foreman	Polier
conducteur de travaux (*m*)	clerk of works, section engineer	Bauleiter des Bauherren
chef de chantier (*m*)	contract manager	Bauführer
directeur de travaux (*m*)	resident engineer	Bauleitung des Bauherren
surveillant de travaux (*m*)	inspector	Bauaufseher
pointeur (*m*)	timekeeper	Markierer

Matériel de bétonnage	*Concreting equipment*	*Betonmaschinen und Geräte*
centrale à béton (*f*)	concrete plant	Betonmischanlage
dispositif de dosage (*m*)	batching equipment	Dosieranlage
bétonnière (*f*), mélangeur (*m*)	concrete mixer	Mischer
aiguille vibrante (*f*)	vibrating poker	Vibrierstab
pompe à béton (*f*)	concrete pump	Betonpumpe
doseur sur bande (*m*)	weightbatcher	Dosierwaage
transporteur à courroie	conveyor belt	Förderband
camion (*m*) malaxeur	truckmixer	Mischerwagen
benne	drum	Behälter
Normes (f)	*Standards*	*Normen*
normes en vigueur	standards in force	in Kraft befindliche Normen
normes nationales	national standards	nationale Normen
réglementations (*f*)	regulations	Bestimmungen
Installation compacte de dosage et de mélange de béton (Voir page 48)	*Combined concrete batching and mixing plant*	*Betondosier- und Mischanlage in kompakter Bauweise*
1. flèche en treillis	lattice jib, boom	Gitterausleger
2. câble en acier	steel cable	Stahlseil
3. benne racleuse	dragline bucket	Schrapperschaufel
4. moteur de levage	lifting motor	Getriebemotor
5. balance à ciment avec indicateur de poids	cement weighbatcher with weigh dial head	Zementwaage mit Gewichtsanzeiger
6. malaxeur plat	pan mixer	Teller-Zwangsmischer
7. garde-corps	guard railing	Schutzgeländer
8. goulotte de sortie de béton	concrete outlet	Betonauslaß
9. plate-forme en treillis	platform grating	Gitterrost-Bühne
10. bâti support en acier	steel framework	Stahl-Rahmenkonstruktion
11. guides de la benne d'alimentation	guide track for skip	Führungsschienen für Beschickerkasten
12. grille de protection	guard screen	Schutzgitter
13. indicateur de dosage de granulats	aggregate batch meter	Dosierungsanzeiger für Zuschläge
14. benne d'alimentation en granulats avec dispositif de pesage des charges	aggregate weigh batcher skip	Zuschlagaufzugskübel mit Chargenwiegevorrichtung

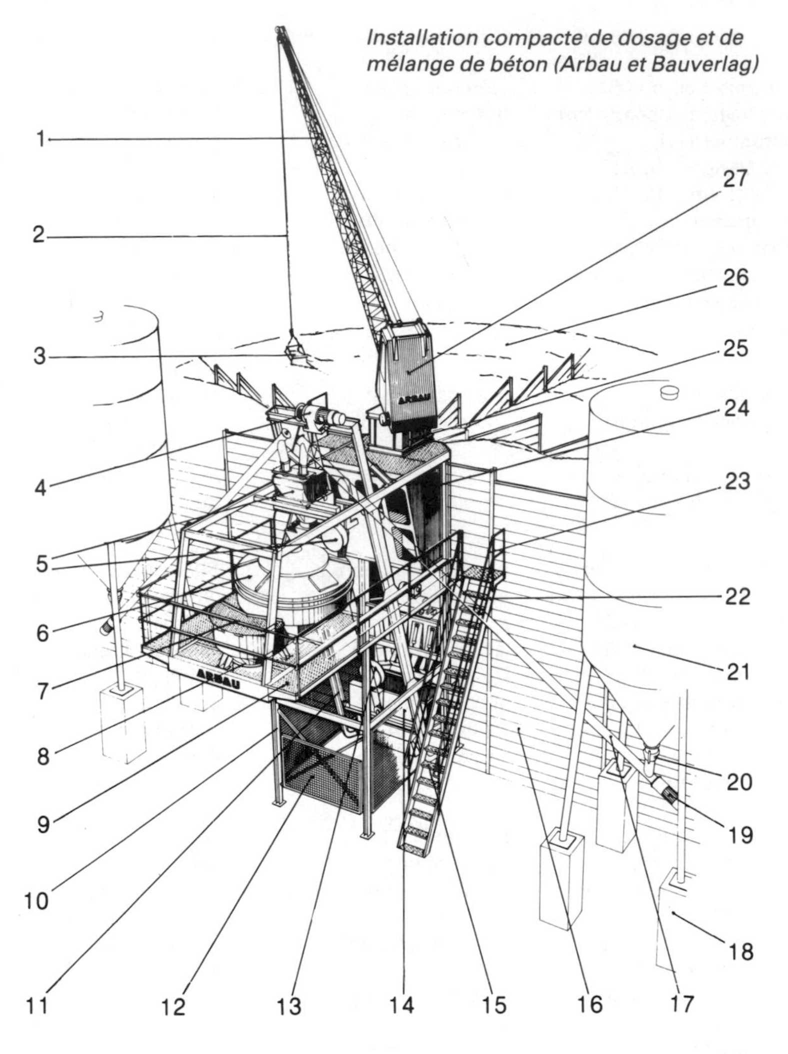

Installation compacte de dosage et de mélange de béton (Arbau et Bauverlag)

15.	escalier à marches en tôle cannelée	stairway with chequer plate treads	Treppenstufe aus Riffelblech
16.	paroi de madriers entre pieux battus	horizontal timber planks between driven piles	Bohlwand zwischen Rammträgern
17.	vis d'alimentation en ciment à forte pente	steep-climb cement screw conveyor	Zement-Steilförderschnecke

18. fondation (*f*) en béton	concrete foundation	Betonfundament
19. moteur à courant triphasé	geared 3-phase electric motor	Drehstrom-Getriebemotor
20. raccordement	coupling	Kupplung
21. silo à ciment	cement silo	Zementsilo
22. limon d'escalier	stair string	Treppenwange
23. main courante	stair handrail	Geländer
24. cabine de commande à équipement électrique	electrical control cabin	Bedienungsstand mit elektrischer Steuerung
25. support de flèche	boom or jib support	Unterkonstruktion für Auslegerschrapper
26. granulats entreposés en compartiments granulométriques	aggregates, separated according to size by partition walls	Zuschläge, nach Korngröße durch Teilwände getrennt
27. cabine du conducteur	operator's cabin, driver's cabin	Kanzel für Schrapperbedienung

Pompe automobile à béton à mât articulé

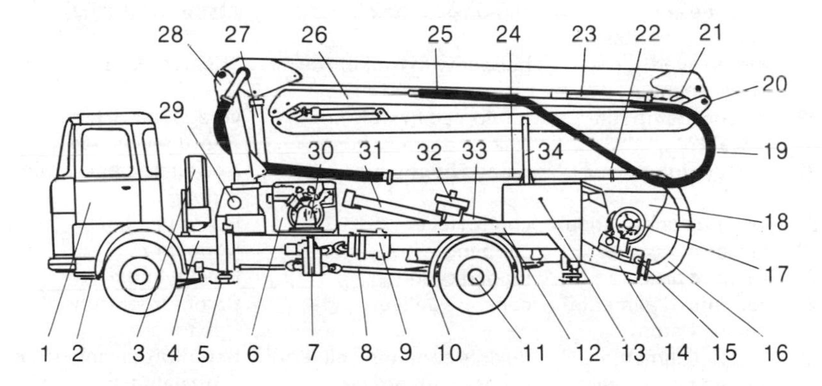

Pompe automobile à béton à mât articulé (Schwing et Bauverlag)	*Mobile concrete pump with hinged placing boom*	*Auto-Betonpumpe mit Knickbarem Verteilermast*
1. cabine du conducteur	driver's cabin	Fahrerhaus
2. ressort à lames	leaf springs	Blattfederpaket
3. roue de secours	spare wheel	Reserverad
4. châssis	chassis	Fahrzeugrahmen

5.	stabilisateur hydraulique	hydraulic outrigger	hydraulische Abstützung
6.	réservoir hydraulique	hydraulic reservoir	hydraulischer Behälter
7.	boîte de transmission	transmission gear box	Verteilerschaltgetriebe
8.	arbre de transmission à cardans	transmission shaft with universal joints	Gelenkwelle
9.	pompe axiale à piston	axial flow piston pump	Axialkolbenpumpe
10.	garde-boue	mudguard	Kotflügel
11.	roue avec pneu	wheel with pneumatic tyre	Rad mit Reifen
12.	châssis secondaire	ancillary frame	Hilfsrahmen
13.	réservoir à eau	water tank	Wasserbehälter
14.	cylindre de pompage avec organe de contrôle	pumping cylinder with control unit	Förderzylinder mit Steuereinheit
15.	organe de commande de sortie avec vannes	outlet control unit with gate valves	Auslaßsteuereinheit mit Schiebern
16.	tuyau de raccordement	connecting pipe	Hosenrohrkrümmer
17.	boîte de commande amovible	slip-on gear box	Aufsteckgetriebe
18.	trémie avec bords en caoutchouc	hopper with rubber rim	Trichter mit Gummirand
19.	tuyau à béton renforcé	reinforced flexible concrete delivery hose	verstärkter Betonförderschlauch
20.	articulation de mât	hinged boom joint	Auslegergelenkverbindung
21.	levier de commande	control lever	Führungshebel
22.	raccord	coupling	Kupplung
23.	cylindre articulé	hinged cylinder	Knickzylinder
24.	conduite d'alimentation en béton	concrete delivery pipe	Betonförder (rohr) leitung
25.	tuyau d'alimentation en béton avec bec de sortie	flexible concrete delivery hose with nozzle	Betonförderschlauch mit Auslaßstück
26.	tronçons du mât	boom sections	Auslegerabschnitte, Teilausleger
27.	cylindre de levage du mât	boom lifting cylinder	Hebezylinder
28.	pied du mât	foot of boom	Hauptsäule
29.	cylindre d'orientation	slewing cylinder	Schwenkzylinder

30.	compresseur	compressor	Kompressor
31.	cylindre de différentiel	differential cylinder	Differentialzylinder
32.	organe de commande	control block	Steuerblock
33.	caisse à eau	water box	Wasserkasten
34.	support de mât	boom support	Stütze für Verteilermast

Leçon 4: Hydraulique urbaine

VOCABULAIRE TECHNIQUE

L'hydraulique urbaine est une discipline qui couvre les problèmes de distribution et d'évacuation d'eau dans les villes. Ses deux branches principales sont l'**alimentation en eau** et l'**assainissement** des agglomérations.

L'alimentation en eau potable

Jusqu'à il y a quelques années, les villes importantes étaient alimentées principalement à partir de **forages** ou de **puits** dans les **nappes souterraines** ou encore à partir de barrages-réservoirs. Pour faire face à l'augmentation des consommations, on doit maintenant faire appel à des **prises en rivière.** Dans ce cas, il faut souvent installer une station de traitement pour purifier l'eau avant de la distribuer.

Exercice de compréhension

Complétez les vides des textes suivants, en vous inspirant des schémas.

Le schéma 1 représente un système d'alimentation à partir d'une nappe aquifère. Les ...(1)... sont équipés de groupes électropompe immergés, qui remontent d'abord les eaux en surface: c'est la mobilisation de la ressource. Une ...(2)... équipée de groupes moto-pompes centrifuges relève ensuite les eaux vers les ...(3)... à travers une conduite de **refoulement**: c'est l' ...(4).... Enfin, un ...(5)... de conduites assure la distribution de l'eau aux utilisateurs à partir des réservoirs: c'est la ...(6)....

Le schéma 2 représente le profil en long du système. On voit que l' ...(7)... se fait par refoulement tandis que la ...(8)... est gravitaire. Les ...(9)... sont installés au point haut du réseau. L'adduction est à l'amont des réservoirs et la distribution à l'aval.

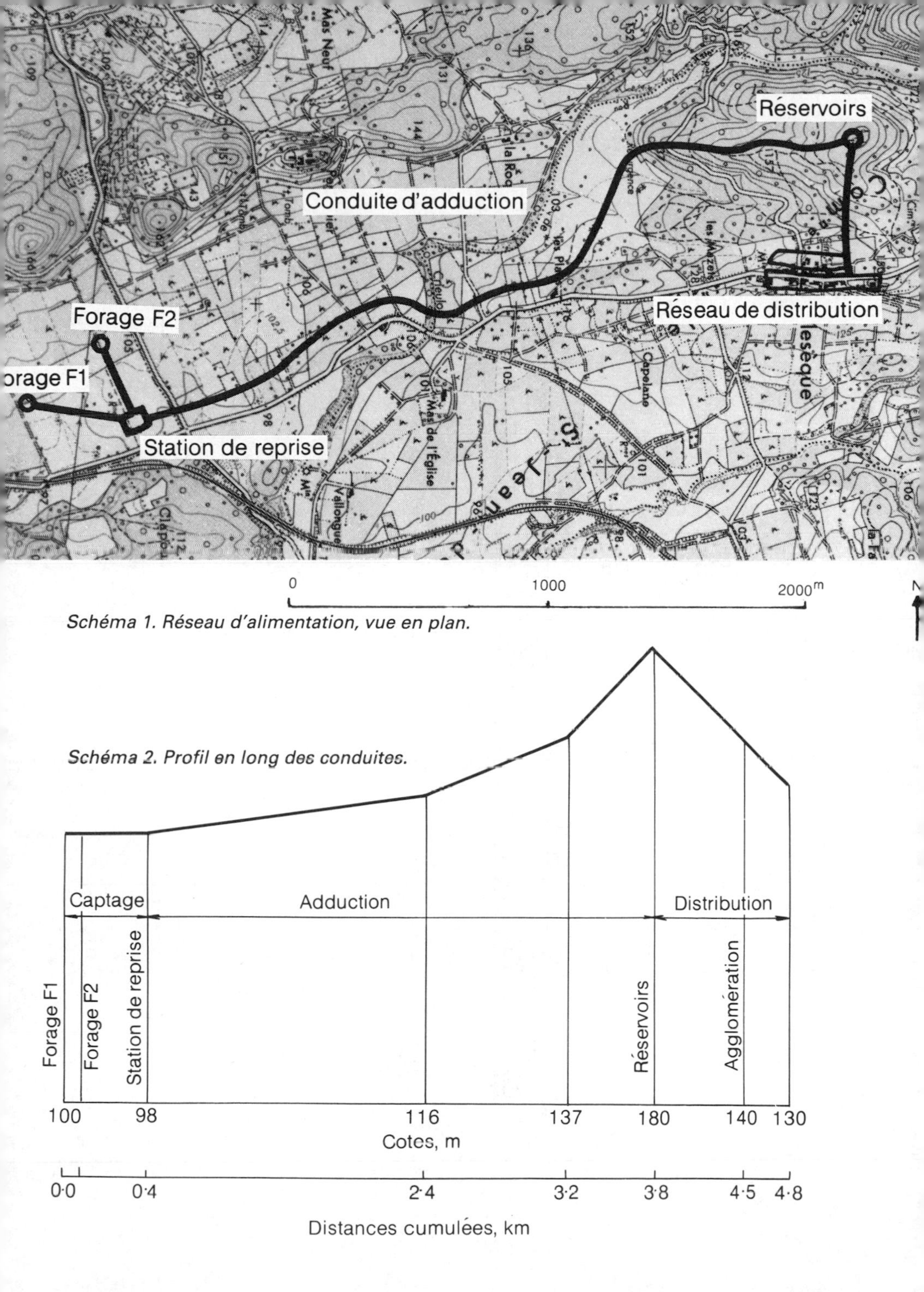

Schéma 1. Réseau d'alimentation, vue en plan.

Schéma 2. Profil en long des conduites.

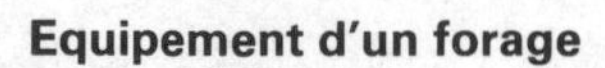

Equipement d'un forage

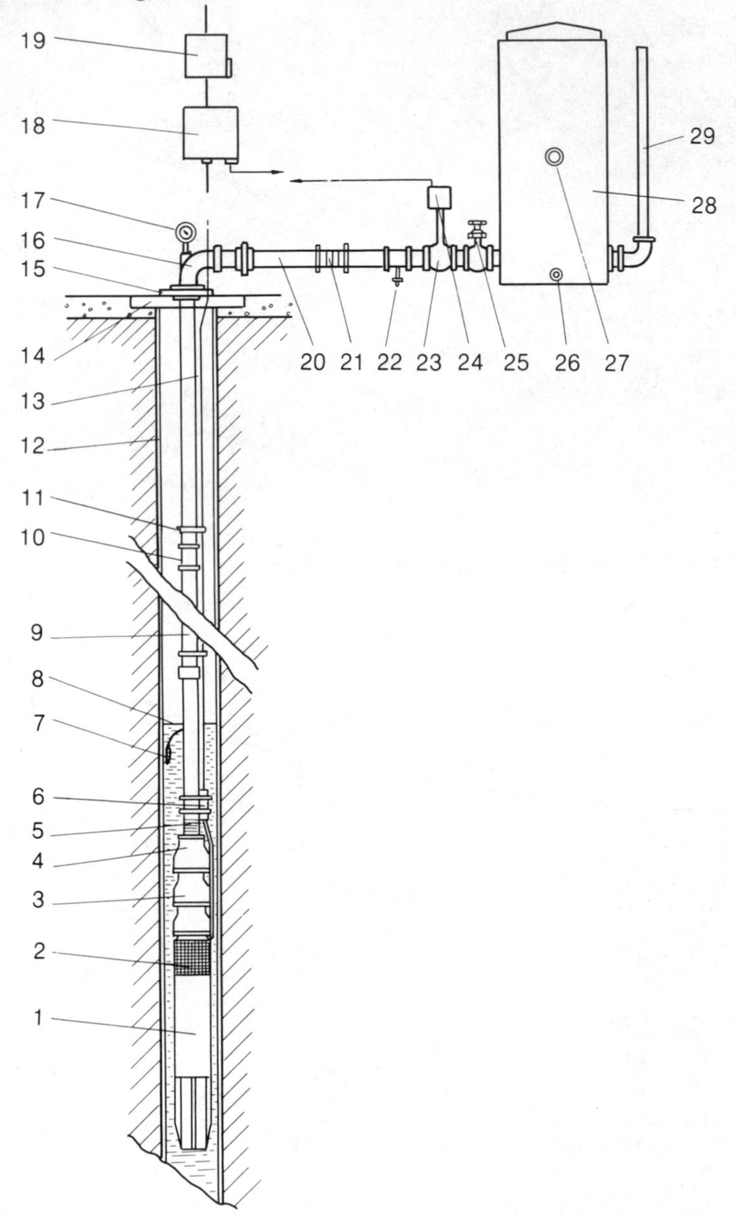

Equipement d'un forage	*Borehole equipment*	*Rohrbrunnenausrüstung*
1. moteur électrique (*m*)	electric motor	Elektromotor
2. crépine (*f*)	strainer	Sieb
3. étage de la pompe immergée (*m*)	submersible pump section	Unterwasserpumpstute
4. clapet de non-retour (*m*)	non-return valve	Rückschlagventil
5. raccord (*m*)	adaptor	Verbindungsstück
6. raccord de cable (*m*)	cable joint	Kabelverbindung
7. électrode de niveau (*f*)	waterlevel electrode	Wasserstandselektrode
8. niveau d'eau (*m*)	water level	Wasserstand
9. colonne (*f*) de refoulement (*m*)	rising main	Steigleitung
10. té de vidange (*m*)	bleeder tee	Entleerungsstück
11. collier de fixation de cable (*m*)	cable clip	Kabelschelle
12. tubage (*m*)	well casing	Verrohrung
13. câble d'alimentation (*m*)	electric cable	Kabel
14. tampon de forage (*m*) couvercle (*m*), fermeture (*f*)	borehole cover	Brunnenkopf, Deckel
15. bride-support (*f*)	support flange	Stützflansch
16. coude avec prise de pression (*m*)	elbow joint with pressure gauge connection	Q-Stück mit Anschluss für Manometer
17. manomètre (*m*)	pressure gauge	Manometer
18. démarreur (*m*)	starter	Schaltvorrichtung
19. disjoncteur principal (*m*)	main switch	Hauptschalter
20. tube (*m*), tuyau (*m*), conduite (*f*), canalisation (*f*) d'alimentation	supply pipe	Wasserleitung
21. compteur (*m*)	water meter	Wasserzähler
22. vanne de vidange (*f*)	sluice valve	Schieber
23. clapet (*m*)	check valve	Absperrschieber
24. commutateur (*m*), déclencheur (*m*)	pressure switch	Druckshalter
25. purgeur (*m*)	exhaust valve	Entlüftungsventil
26. robinet de vidange (*m*)	drain plug	Entleerungshahn

27. indicateur du volume d'air (*m*)	air volume indicator	Luftvolumensanzeiger
28. réservoir d'air anti-bélier (*m*)	pressure tank, surge tank	Wasserkessel
29. conduite de distribution (*f*)	service pipe	Verteilerleitung

Station de pompage

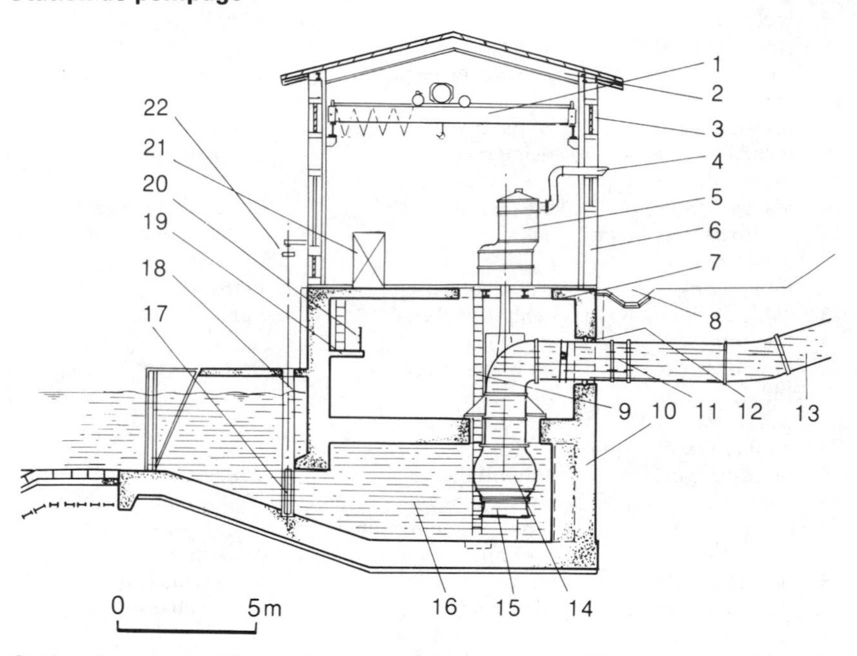

Station de pompage (*f*)	*Pumping station*	*Pumpstation*
1. pont roulant (*m*)	travelling gantry crane	Laufkran
2. ossature en portique (*f*)	portal frame	Portalrahmen
3. bouche d'aération (*f*)	ventilator	Ventilator
4. conduit de refroidissement du moteur (*m*)	motor cooling duct	Motorkühlwasserleitung
5. moteur électrique (*m*)	electric motor	Elektromotor
6. mur en maçonnerie (*m*)	masonry wall	Mauer

7.	plancher en béton (*m*)	concrete floor	Betonboden
8.	rigole d'évacuation (*f*)	drainage channel	Rinne
9.	échelle métallique (*f*)	steel ladder	Stahlleiter
10.	paroi en béton armé (*m*)	concrete wall	Betonmauer
11.	joint flexible (*m*)	flexible coupling	bewegliche Kupplung
12.	mesure de débit (*f*)	flowmeter	Durchflußmessgerät
13.	conduite de refoulement (*f*)	pumped main, rising main	Steigleitung
14.	clapet de retenue (*m*)	check valve	Ventil
15.	clapet d'aspiration (*m*)	suction valve, foot valve	Einlaufventil
16.	bache d'aspiration (*f*)	suction tank	Saugkammer
17.	vanne de sectionnement (*f*)	sliding gate	Gleitschutz
18.	glissière (*f*)	gate guide	Schutzführung
19.	passerelle (*f*)	walkway	Platform
20.	balustrade (*f*)	balustrade, handrail	Geländer
21.	armoire de contrôle, de commande (*f*)	control console	Schaltschrank
22.	manoeuvre de la vanne (*f*)	gate operating gear	Schutzantrieb

Les réservoirs

Quoique certains réseaux modernes de distribution soient alimentés par injection directe de l'eau dans le réseau, on continue dans la majorité des réseaux à interposer des réservoirs entre l'adduction et la distribution. Les principaux avantages de ce système sont l'écrètement des pointes de consommation, la régularisation du fonctionnement des ouvrages amont et la régularisation des pressions aval.

On distingue différents types de réservoirs en fonction de leur position par rapport au sol (enterré, semi-enterré, sur le sol, surélevé), du matériau utilisé pour les construire (maçonnerie, béton armé, acier, matières plastiques), de leur forme (rectangulaire, circulaire, polygonale) du type de couverture (dalle pleine, coupole, hourdis, etc), de la structure porteuse (à colonnes, à paroi portante, etc). Ainsi, la coupe figurant ci-dessous représente un réservoir circulaire, en béton armé, à coupole surbaissée, semi-enterré.

L'automatisation des réseaux implique une automatisation croissante des équipements des réservoirs. En principe, les cuves sont munies de dispositifs assurant l'entrée et la sortie d'eau, la **vidange,** le **trop-plein,** l'aération, l'accès du personnel.

Réservoir d'accumulation, de compensation

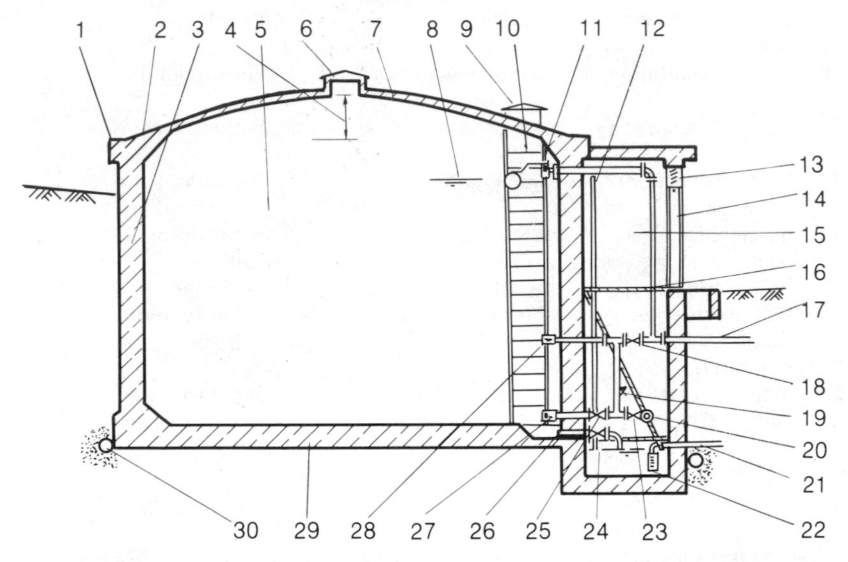

Réservoir d'accumulation, de compensation (*m*)	*Storage reservoir, balancing reservoir*	*Ausgleichbehälter*
1. ceinture (*f*)	ring beam	Ringbalken
2. gousset (*m*)	fillet, gusset	Voute
3. paroi (*f*)	wall	Wand
4. flèche (*f*)	rise	Kuppelhöhe
5. cuve (*f*)	tank	Behälter
6. cheminée d'aération (*f*)	ventilating shaft	Lüftungskamin
7. coupole (*f*)	dome, cupola	Kuppel
8. niveau d'eau maximum (*m*)	maximum water level	Höchstwasserstand

9.	cheminée d'accès (*f*)	access shaft, manhole	Einstiegskamin
10.	échelle de visite (*f*)	inspection ladder	Besichtigungsleiter
11.	robinet à flotteur (*m*)	float valve	Schwimmventil
12.	trop-plein (*m*)	overflow (pipe)	Überlauf (rohr)
13.	aération (*f*), claustras (*m*)	ventilation	Belüftung
14.	double porte (*f*)	double door	Doppeltür
15.	chambre de vannes (*f*), de manoeuvre (*f*)	valve chamber	Schieberkammer
16.	grille de circulation (*f*), caillebotis (*m*)	walkway grid, grating	Rost
17.	arrivée d'eau (*f*), adduction (*f*)	water inlet	Wassereinlaß
18.	dérivation (*f*), by-pass (*m*)	by-pass	Umlaufrohr
19.	robinet d'échantillonnage (*m*)	sampling cock	Probeentnahmehahn
20.	départ (*m*), distribution (*f*)	water outlet	Wasserauslaß
21.	vidange de la chambre (*f*) évacuation (*f*)	chamber drain	Kammerentwässerung
22.	puisard (*m*)	sump	Sumpf
23.	vanne de fermeture (*f*)	shut-off valve	Absperrschieber
24.	vanne de vidange (*f*)	drain valve, sluice valve	Entleerungsschieber
25.	vanne de la réserve incendie (*f*)	fire hydrant	Brandschieber
26.	vidange de la cuve (*f*)	tank drainage	Tankentleerung
27.	crépine incendie (*f*)	emergency water strainer	Brandwassersieb
28.	crépine eau potable (*f*)	drinking water strainer	Nutzwassersieb
29.	radier (*m*), plancher (*m*)	invert, floor	Bodenplatte
30.	drainage (*m*), tuyau (*m*) de drainage, système (*m*) de drainage	land drainage, drain pipe, drainage system	Bodenentwässerung

Exercice de compréhension

Les phrases suivantes sont-elles vraies ou fausses?

1. Un réservoir semi-enterré est construit en partie dans le sol et en partie à l'air libre.
2. Tous les réseaux modernes comportent une liaison directe, sans réservoir, entre l'adduction et la distribution.
3. Les réservoirs comportent toujours une réserve-incendie.
4. Le robinet à flotteur est un dispositif réglant l'entrée du trop-plein.
5. Le système de drainage permet de vider le réservoir pour l'entretien.

Assainissement urbain

L'assainissement urbain comprend l'évacuation des eaux usées et des eaux pluviales hors des villes. Les réseaux d'assainissement comprennent, de l'amont vers l'aval

les branchements particuliers, reliant les habitations et les industries au réseau
les collecteurs, qui rassemblent les débits vers les points d'évacuation;
les évacuateurs, qui transportent les débits collectés vers les points de rejet dans le milieu naturel ou les stations d'épuration;
les stations d'épuration, qui améliorent la qualité de l'eau avant son rejet dans l'émissaire.

Anciennement, les réseaux d'assainissement étaient **unitaires,** c'est-à-dire que les eaux de pluie et les eaux usées étaient évacuées par le même réseau. Actuellement, on préfère séparer les eaux usées et les transporter séparément vers la station d'épuration, tandis que les eaux pluviales sont évacuées directement vers l'émissaire. C'est le principe du **réseau séparatif.**

Exercice de compréhension

Trouvez le terme français correspondant aux définitions suivantes.

1. Conduites de raccordement des particuliers aux réseaux publics
2. Système comportant une évacuation distincte des eaux pluviales et des eaux usées
3. Technique d'évacuation des eaux
4. Equipements de traitement des eaux usées avant rejet
5. Système d'évacuation groupée des eaux usées et pluviales

Regard, Chambre de visite

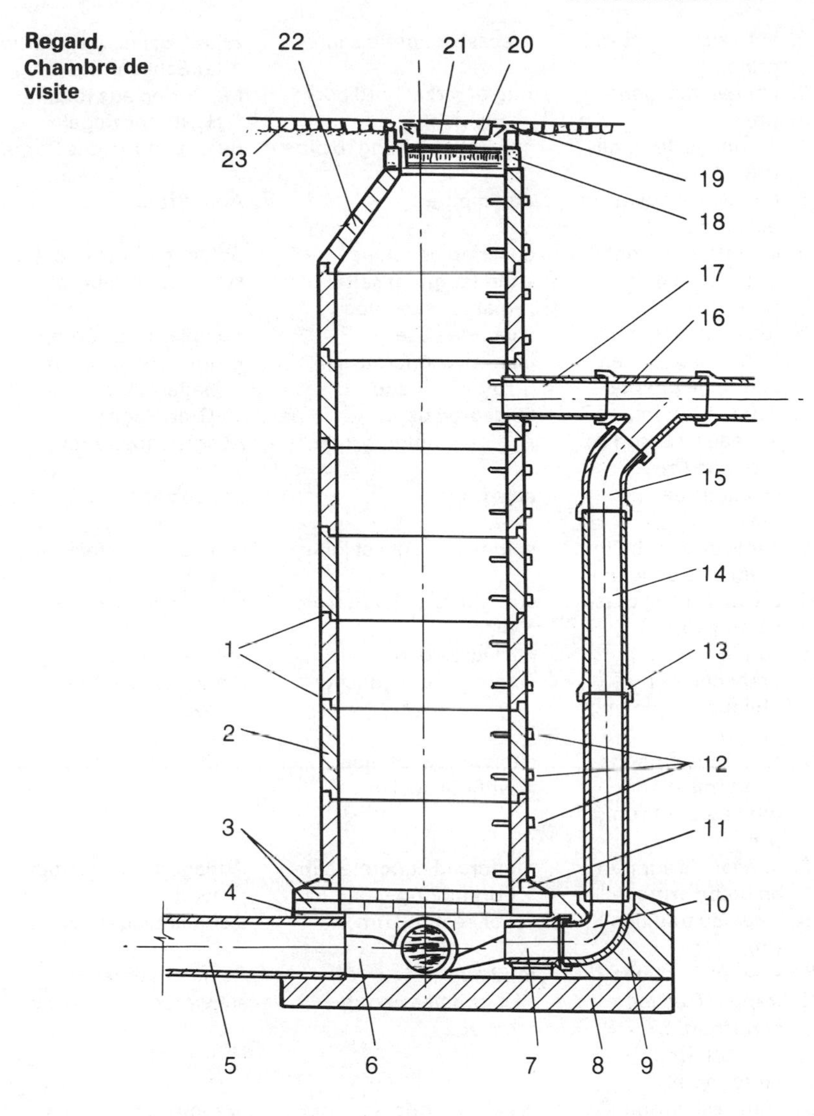

Regard (m), chambre (f) de visite (f) avec chute (f)	*Backdrop manhole*	*Inspektionsschacht*
1. joint à emboîtement (*m*)	rebated joint	Falzverbindung

2.	anneau de puits (*m*) préfabriqué	precast concrete shaft ring	zylindrischer vorgefertigter Schachtring
3.	anneau maçonné (*m*)	ring of radial hard burnt bricks	Mauerring aus Radial-Hartbrandziegeln
4.	enrobage bétonné (*m*)	concrete bedding to pipe	Betonbettung des Rohrs
5.	tuyau aval, tuyau de décharge (*m*)	outlet pipe	Abflußrohr
6.	cunette en béton (*f*)	concrete benching	Sohlengerinne in Beton
7.	tronçon de grès-cérame (*m*)	short length of salt glazed ware pipe	kurzes Steinzeugrohr
8.	radier en béton (*m*)	concrete base	Sohlplatte aus Beton
9.	butée de coude en béton maigre (*f*)	lean-mix concrete surround to bend	Krümmerbettung in Magerbeton
10.	coude à 90° (*m*)	90 degree bend	90-Grad Bogen
11.	anneau en béton de propreté (*m*)	ring of blinding concrete	Ausgleichbetonring
12.	échelons de descente (*m*)	step irons	Steigeisen
13.	joint (*m*) à emboîtement en cloche (*m*)	spigot-and-socket joint	Glockenmuffenverbindung
14.	tuyau droit en grès-cérame (*m*)	straight salt glazed ware pipe	gerades Steinzeugrohr
15.	coude à 45° (*m*)	45 degree bend	45-Grad Bogen
16.	branchement oblique simple (*m*), "y" (*m*)	single oblique junction	einfacher schräger Zweigrohr
17.	tube sans emboîtement (*m*) tube à 2 bouts unis (*m*)	short length of pipe without socket	muffenloses Rohrstück
18.	anneau de support en béton armé (*m*)	reinforced concrete supporting ring	Auflagerring aus Stahlbeton
19.	siège du trapillon (*m*)	cover seating, rim	Deckelauflager
20.	seau (*m*) à boues	mud bucket	Schlammeimer
21.	trappe (*f*) en fonte série lourde, trapillon (*m*), tampon (*m*)	cast iron heavy duty cover	schwerer gußeiserner Deckel
22.	cône excentrique (*m*)	eccentric cone	exzentrischer Konus
23.	revêtement routier (*m*)	paved surround	anschließende Straßendecke

Les stations d'épuration

Chaque problème d'épuration est un problème particulier dont les données sont

composition des eaux usées à l'entrée de la station
pouvoir auto-épurateur du milieu recevant les effluents
normes de qualité en vigueur pour le milieu récepteur
coût de l'énergie;
possibilités de **réutilisation des effluents** et de **récupération des boues**
superficie disponible
conditions climatiques.

On trouvera à la page 64 un exemple de station d'épuration comportant une longue succession d'opérations: dégrillage, dessablage, décantation primaire, aération, décantation secondaire des eaux usées; épaississement, filtration, digestion et séchage des boues. C'est surtout au niveau de l'aération et du traitement des boues que se situent les particularités des différents procédés d'épuration.

Des bassins de stabilisation sans équipement peuvent constituer une solution intéressante dans certains pays sous-développés où la technologie est simple, où l'espace n'est pas limité, où l'ensoleillement est important.

Exercice de compréhension

Choisissez la bonne réponse.

1. Le pouvoir auto-épurateur du milieu récepteur est
   (*a*) la pollution déchargée par le réseau d'assainissement dans l'émissaire.
   (*b*) la capacité du milieu de poursuivre l'épuration des eaux usées qu'il reçoit.
   (*c*) l'excédent de DBO_5 rejeté à l'aval de la station d'épuration.
2. L'épaississement des boues est destiné à
   (*a*) diminuer la quantité de boue à traiter par extraction d'une partie de l'eau.
   (*b*) activer la minéralisation des boues.
   (*c*) préparer la décantation des eaux usées.
3. Les bassins de stabilisation sont basés sur l'utilisation de l'énergie
   (*a*) éolienne.
   (*b*) électrique.
   (*c*) solaire.

4. La séparation des matières flottantes se fait au niveau
   (*a*) du dégrillage.
   (*b*) du dessablage.
   (*c*) de la décantation.

Station d'épuration

Station d'épuration (*f*)	*Sewage treatment works*	*Kläranlage*
entrée d'eau usée (*f*)	incoming sewage	Abwassereinlaß
grille (*f*), dégrillage (*m*)	screen, screening	Grobrechen
1. dessableur (*m*), dessablage (*m*)	sand trap, sand trapping	Sandfang
2. bassin de décantation (*m*) décantation (*f*)	sedimentation tank, sedimentation	Absetzbecken, Absetzung
bassin d'aération (*m*)	aeration tank	Lüftungsbecken
3. lit bactérien (*m*), oxydation (*f*)	bacteria bed, oxidation	Tropfkörper, Oxidation

4. épaississeur (*m*), épaississement des boues (*m*)	concentrating plant, sludge concentration	Konzentrationsanlage, Konzentration des Schlammes
5. digesteur (*m*), digestion (*f*)	sludge digestion plant	Ausfaulanlage, Faulbehälter
6. filtre-presse (*m*)	sludge pressing plant	Schlammpressanlage
7. lit de séchage (*m*) assèchement des boues (*m*)	sludge drying bed, sludge drying	Austrocknungsbecken, Schlammtrocknung
sortie d'eau traitée (*f*), effluent (*m*)	effluent	Auslaß (behandeltes Abwasser)

Canalisations

Les canalisations utilisées dans les réseaux d'assainissement sont généralement en béton (armé ou précontraint) ou en **amiante-ciment.** On emploie parfois du **grès** pour les eaux très corrosives et du **PVC** pour les petits diamètres.

Les matériaux des conduites d'eau potable sont plus variés.

L'acier, le béton, le **sidéro-ciment** sont utilisés pour les grands diamètres et les fortes pressions.

Le PVC et d'autres matériaux plastiques pour les petits diamètres et les tronçons sous faible pression.

La **fonte ductile** et l'amiante-ciment dans des conditions intermédiaires.

Chacun de ces matériaux présente des avantages et des inconvénients. Les tubes en acier par exemple sont légers et faciles à manipuler, mais ils nécessitent une **protection cathodique,** qui est souvent coûteuse et délicate. La fonte résiste bien à la corrosion. L'amiante ciment et le PVC ont des **coefficients de rugosité** faibles.

Des **recouvrements intérieurs** peuvent être utilisés en fonction de la composition des eaux à transporter.

Exercice de compréhension

Complétez le texte suivant.

Pour le transport des eaux corrosives, on utilisera de préférence des conduites d'assainissement en ...(1)... et des conduites d'alimentation en ...(2)... avec ...(3)... intérieur au mortier de ciment. Les ...(4)... en ...(5)... et en ...(6)... offrent un rapport résistance/poids intéressant. La principale sujétion des ...(7)... en acier est qu'elles demandent une protection ...(8)... D'autre part, leur coefficient de ...(9)... est plus élevé que celui d'...(10)....

CONVERSATION

Conversation entre deux ingénieurs à propos des ressources en eau et des problèmes d'épuration des eaux usées. Remarquez l'utilisation des expressions suivantes.

Je pense que ... J'estime que ...	introduit une opinion personnelle
Pas vrai?	est utilisé pour demander l'avis de l'interlocuteur.
Exact!	marque un accord total.
Excuse-moi de t'interrompre	manière polie d'interrompre une conversation ou un exposé.

Dupont Je pense que les techniques utilisées en Europe en hydraulique urbaine ne changent pas beaucoup d'un pays à l'autre.

Smith Anciennement, chaque pays développait ses propres techniques, mais actuellement on échange les informations d'un pays à l'autre. Cependant, les conditions sont différentes. Nous, les ingénieurs anglais, nous avons souvent l'occasion de construire des conduites de **rejet en haute mer** pour éviter la construction de stations d'épuration. Est-ce que cette technique est appliquée sur le continent?

Dupont Moins, parce qu'elle n'est pas applicable pour un rejet en rivière.

Smith La situation est la même dans le domaine de l'alimentation en eau. Un pays comme la Suisse peut assurer son alimentation à partir de barrages ou de sources. Mais la plupart des pays européens ont dû faire appel à des prises en rivière.

Dupont Oui, et chaque pays a développé des techniques en rapport avec la composition particulière des eaux à traiter.

Smith Quant à l'augmentation des consommations d'eau, elle est due un peu à l'augmentation du nombre d'habitants des villes mais surtout à l'accroissement de la consommation individuelle. Pas vrai?

Dupont Exact. Jusqu'à il y a quelques années, on comptait une consommation de 100 à 150 litres par habitant et par jour. Aujourd'hui, le minimum est de 200 litres, sans compter les besoins des industries.

Smith Oui, les industries consomment beaucoup d'eau potable et rejettent des eaux polluées. C'est un des aspects regrettables de l'industrialisation.

Dupont En cas d'utilisation des rivières pour l'alimentation en eau, crois-tu qu'il soit préférable d'épurer les eaux avant leur rejet ou de les traiter avant leur distribution?

Smith Je pense que les deux opérations sont indispensables et que les schémas de traitement et d'épuration doivent être étudiés pour être complémentaires. Il faut aussi tenir compte du pouvoir auto-épurateur de la rivière.

Dupont Il y a aussi une question de responsabilité. Personnellement, j'estime que les industries devraient rejeter des eaux de même qualité que celles qu'elle reçoivent. Après tout...

Smith Je m'excuse de t'interrompre, mais je dois te quitter. J'ai une réunion dans une demi-heure.

Dupont Tu m'y fais penser: moi aussi. Je dois me dépêcher. Au revoir.

Smith Au revoir.

Conversation téléphonique entre M. Dupont et M. Smith, ingénieurs, à propos d'un problème de choix de tuyau. Remarquez de nouveau quelques expressions courantes.

Quelle bonne surprise!	Expression d'accueil chaleureux
Eh bien voilà,...	introduit la description d'un problème.
Bien,... Bon,	marquent une transition entre une idée et une autre.

Smith Allo, Dupont?

Dupont Lui-même.

Smith Smith à l'appareil.

Dupont Ah, Smith. Quelle bonne surprise! Comment ça va?

Smith Ca va. Et toi?

Dupont Pas mal. Beaucoup de boulot en ce moment, mais le moral est bon. Alors, qu'est-ce que je peux faire pour toi?

Smith Eh bien voilà! Mon entreprise est chargée d'une adduction d'eau potable au Mali. J'ai pensé choisir des tuyaux en acier,

	mais je voulais te demander ton avis. Tu as déjà travaillé là-bas, je crois?
Dupont	Assez pour te déconseiller l'acier, mon vieux. J'en ai fait l'expérience et c'était une mauvaise expérience. Mais ça dépend des quantités. Elle a combien de kilomètres, ton adduction?
Smith	Quinze kilomètres en diamètre 500, avec recouvrement intérieur au mortier de ciment.
Dupont	C'est justement ça le problème. Avec les conditions et les distances de transport de ce pays, tu dois prévoir de faire ton recouvrement sur le chantier. Or pour une si petite quantité, tu ne pourras jamais amortir tes frais d'installation.
Smith	Bien. Reste l'amiante ciment.
Dupont	Si tes pressions ne sont pas trop fortes, ce serait l'idéal.
Smith	Ca devrait marcher. O.K., merci pour le tuyau.
Dupont	C'est le cas de le dire. Allez, au revoir et bonne chance!
Smith	Au revoir.

EXERCICES

Exercice 1. Compréhension des textes

Si vous avez bien assimilé le vocabulaire des textes et du glossaire, vous répondrez facilement aux questions suivantes.

1. Quels sont les matériaux utilisés pour les conduites d'assainissement?
2. Quels sont les avantages de l'acier par rapport à d'autres matériaux pour les conduites d'adduction d'eau?
3. Quel est le matériau le plus léger: l'amiante-ciment ou le PVC?
4. Quand et pourquoi utilise-t-on des recouvrements intérieurs?
5. Quelle est la différence entre un réseau séparatif et un réseau unitaire?
6. Quelle est la différence entre un **réseau maillé** et un **réseau ramifié?**
7. Dans un réseau d'alimentation en eau potable (AEP), est-il toujours nécessaire de prévoir un réservoir entre l'adduction et la distribution?
8. Regardez la coupe du réservoir figurant à la page 58.
   Que pensez-vous de la conception de l'ouvrage?
   L'auriez-vous dessiné de la même manière?
   Quels sont les points à améliorer?

La coupole est-elle le meilleur type de couverture? Quelles sont ses limites?

9. Quels sont, d'après vous, les principaux facteurs qui conditionnent le choix d'un système d'épuration des eaux usées?

Exercice 2. Construction des phrases

(*a*) Construisez deux phrases à partir de chaque ligne de mots, en utilisant les adverbes ou expressions suivants.

anciennement – actuellement – jusqu'à ces dernières années – maintenant

Par exemple, si les mots sont: réseaux d'assainissement – unitaire – séparatif — on pourra proposer comme solution:

Anciennement, les réseaux d'assainissement étaient unitaires, actuellement ils sont séparatifs.

Jusqu'à ces dernières années, les réseaux d'assainissement étaient unitaires, maintenant ils sont séparatifs.

1. les villes – alimenter – forages – prises en rivière
2. les réservoirs – alimenter – conduite gravitaire – conduite de refoulement
3. les eaux usées – rejeter dans les émissaires – directement – après épuration
4. les villes – alimenter en eau potable – directement – après traitement

(*b*) Même exercice. Construisez une phrase à partir de chaque ligne de mots, en utilisant pour chaque phrase l'ensemble des quatre expressions et adverbes suivants

d'abord – ensuite – enfin – de l'amont à l'aval

et en vous inspirant du modèle suivant

Un réseau d'assainissement comprend, de l'amont vers l'aval, d'abord les branchements, ensuite les collecteurs, enfin les évacuateurs.

1. *Adduction*: forage – conduite de refoulement – station de pompage
2. *Alimentation en eau*: adduction – mobilisation de la ressource – distribution

3. *Alimentation en eau*: prise en rivière – station de traitement – distribution
4. *Réseau eaux usées*: rejet à l'émissaire – station d'épuration – collecteurs
5. *Réseau eaux pluviales*: avaloirs – rigoles – collecteurs

Exercice 3. Composition

La ville de Boum a une population permanente de 80 000 habitants et une population estivale de 120 000 habitants, la différence étant constituée par des touristes. Elle est située au bord de la mer méditerranée et peut être alimentée par les ressources suivantes.

barrage–réservoir dans les montagnes, à 70 km à l'intérieur du pays
dessalement d'eau de mer
forages dans une nappe alluviale proche de la ville
transport d'icebergs et récupération de la glace fondante
captage de sources
prise en rivière et station de traitement.

Décrivez et comparez ces possibilités sur base de ces quelques données. Discutez leurs avantages et leurs inconvénients. Précisez les données supplémentaires dont vous devriez disposer pour arrêter votre choix. Composez un mémoire à ce propos.

Exercice 4. Conversation

Donnez votre avis sur les quelques propositions suivantes et discutez-en.

Les réseaux d'assainissement unitaires sont plus économiques que les réseaux séparatifs.
Seuls les réseaux séparatifs peuvent être raccordés à des stations d'épuration.
Si une station d'épuration doit traiter les effluents de plusieurs industries, il est plus efficace de mélanger tous les effluents avant de les traiter.
Dans les pays arides, on devrait systématiquement réutiliser les effluents des stations d'épuration pour l'irrigation des cultures.
L'acier devrait toujours être préféré aux autres matériaux pour les conduites d'adduction d'eau sur de grandes distances.

GLOSSAIRE

On mentionnera comme faux amis

drainage – drainage – Dränage

Drainage en français est surtout utilisé en hydraulique agricole pour désigner un réseau de tuyaux de drainage enterrés. Cependant, il y a probablement autant d'utilisations du mot que de spécialistes et certains l'emploient en hydraulique urbaine pour désigner la collecte et l'évacuation des eaux pluviales, peut-être sous l'influence des littératures techniques étrangères. Nous ne connaissons pas de définition officielle, du moins en hydraulique urbaine.

station de traitement – treatment works

Sans que ce soit une règle générale, *traitement* s'applique plus au traitement des eaux potables avant utilisation; *épuration* s'applique plus à l'épuration des eaux usées avant rejet.

trou d'homme – manhole

Les accès pour inspection sont, par ordre de grandeur croissante
chambre de visite: puits vertical permettant l'accès d'un homme aux collecteurs enterrés
regard: ou bien puits d'accès aux collecteurs profonds ou bien simple ouverture d'observation, sans accès
trou d'homme: ouverture pour l'accès d'un ouvrier, surtout utilisé sur les ouvrages ou les tuyauteries métalliques.

station de pompage – pumping station – Pumpstation

Il existe en français plusieurs termes à peu près équivalents mais qui ont chacun une nuance particulière.

Station de pompage
endroit ou bâtiment où on installe les pompes et leurs équipements.

Station élévatoire, usine élévatoire
ouvrage relativement important destiné à élever la cote de l'eau.
Station de refoulement
L'eau est injectée dans une conduite, dite conduite de refoulement.
Station de reprise
ouvrage intermédiaire établi sur le parcours d'une conduite.
Station de relevage
s'applique surtout aux évacuation d'eaux: quand l'extrémité aval du

collecteur est plus basse que l'émissaire, on relève les eaux vers ce dernier.

Réservoir – reservoir – Reservoir

En français, le mot *réservoir* s'applique seulement aux ouvrages fermés de stockage de fluide, construits en maçonnerie, en béton, en acier. Une réserve d'eau créée par un barrage s'appelle retenue ou barrage-réservoir.

canalisation – canalisation – Kanalisation

Les termes suivants, tout en se rapportant tous à des tuyauteries, ont chacun une signification particulière.

Conduite – canalisation

désignent une ligne de tuyaux pour le transport d'un fluide d'un point à un autre.

Tuyau

désigne un tronçon tel que produit par l'industrie; un ensemble de tuyaux bout-à-bout constitue une canalisation.

Tube

même signification que tuyau, mais surtout utilisé pour les produits métalliques

Tuyauterie

ensemble de tuyaux, terme surtout utilisé pour le transport des fluides dans les unités industrielles.

collecteur

conduite d'assainissement dont l'objet est de rassembler les débits en provenance de différents utilisateurs.

evacuateur

conduite d'assainissement transportant un débit donné et fixe d'un point à un autre.

Boue désigne toute matière semi-solide, qu'elle soit naturelle (exemple : la pluie a transformé les chemins en boue) ou artificielle (exemple : les boues de la station d'épuration).

Il faut se méfier des traductions de termes tels que assainissement, égouttage, épuration parce que les ingénieurs francophones subdivisent les problèmes d'évacuation des eaux d'une manière particulière, qui ne correspond pas aux subdivisions utilisées dans d'autres pays.

Assainissement est un terme général qui peut couvrir toute opération dans le domaine de la santé publique. Cependant, les ingénieurs l'utilisent généralement dans le sens d'évacuation d'eaux inutiles. On distingue d'une part, l'assainissement urbain et l'assainissement agricole, et d'autre part, l'assainissement pluvial et l'assainissement des eaux usées.

Egouttage signifie en général collecter et évacuer les eaux excédentaires. Il est utilisé seulement en hydraulique urbaine et surtout pour désigner un réseau de collecteurs ou réseau d'égouts.

Epuration consiste à améliorer la qualité des eaux avant leur rejet.

On notera aussi qu'il peut y avoir des divergences importantes même entre ingénieurs francophones sur l'utilisation de certains mots techniques. En l'absence de définitions officielles, acceptées internationalement, chacun donne aux mots le sens qu'il veut.

Les techniques d'hydraulique urbaine (*f*)	*Public health engineering techniques*	*Techniken der Siedlungswasserwirtschaft*
hydraulique urbaine (*f*)	public health engineering	Siedlungswasserwirtschaft
assainissement (*m*), égouttage (*m*)	sewerage and drainage	Abwässer und Dränage
assainissement pluvial (*m*)	stormwater drainage	Entwässerung (Regenwasser)
assainissement des eaux usées	foul water sewerage, sewage disposal	Abwasserbereitigung
épuration des eaux usées (*f*)	sewage treatment	Abwasserreinigung
alimentation en eau (*f*) (AEP)	potable water supply	Wasseranlagen
captage (*m*)	source catchment	Fassung
refoulement (*m*), mise en charge (*f*)	pumping	Pumpen, Pumpbetrieb
adduction (*f*)	supply	Uberleitung
stockage (*m*), emmagasinement (*m*)	storage	Speichern
distribution (*f*)	distribution	Verteilung
mobilisation de la ressource	water resource exploitation	Ausnutzung der Vorhaben
adduction (*f*)	supply	Zulauf
adduction par refoulement (*f*)	pumped supply	Pumpleitung
adduction gravitaire (*f*)	gravity supply	Schwerkraftleitung
traitement des eaux potables	water treatment, water purification	Trinkwasserbehandlung

station de traitement (*f*)	treatment plant	Wasserwerk
poste de chloration (*m*)	chlorination plant	Chloranlage
Classification des eaux	*Classification of water*	*Klassifikation des Wassers*
eaux pluviales (*f*), eaux de pluie (*f*)	rainwater, stormwater	Regenwasser
eaux usées (*f*), eaux résiduaires (*f*)	sewage, foul water	Abwasser
eaux usées industrielles (f)	industrial sewage	gewerbliches Abwasser
eaux usées domestiques (*f*)	domestic sewage	Haushaltsabwasser
eaux ménagères (*f*)	domestic wastewater	Haushaltsabwasser
eaux vannes (*f*)	WC wastewater	Klärabwasser
effluent (*m*)	effluent	Abwasser
eau brute (*f*)	raw water	unbehandeltes Wasser
eau traitée (*f*)	treated water	behandeltes Wasser
eau potable (*f*)	drinking water	Trinkwasser
Besoins en eau (*m*)	*Water requirements*	*Wasserverbrauch*
consommation domestique (*f*)	domestic consumption	Haushaltsverbrauch
consommation industrielle (*f*)	industrial consumption	Industrieverbrauch
consommation des établissements publics (*f*)	public consumption	öffentlicher Verbrauch
caserne (*f*)	barracks	Kaserne
hôpital (*m*)	hospital	Krankenhaus
école (*f*)	school	Schule
abattoir (*m*)	slaughter-house	Schlachthaus
colonie de vacances (*f*)	holiday camp	Feriensiedlung
consommation municipale (*f*)	municipal consumption	Gemeindeverbrauch
lavage des caniveaux (*m*)	gutter cleansing	Reinigung der Straßenrinnen
nettoyage des marchés (*m*)	market cleansing	Marktplatzreinigung
protection incendie (*f*)	fire fighting	Brandbekämpfung
pertes dans le réseau (*f*)	system losses	Nutzverluste
Types de ressources en eau (*m*)	*Water resource*	*Kategorien der Wasserquellen*
nappes souterraines (*f*), nappes phréatiques (*f*)	groundwater	Grundwasser

forages (*m*)	borehole	Rohrbrunnen
puits (*m*)	well	Schacht
captage de source (*m*)	spring catchment	Fassung einer Quelle
eaux de surface (*f*)	surface water	Oberflächenwasser
retenue (*f*), barrage-réservoir, réservoir (*m*)	impounding dam, reservoir	Reservoir, Stauraum
prise en rivière (*f*)	river intake	Flußeinlauf
Ouvrages hydrauliques	*Hydraulic structures*	*Wasserbauwerke*
cheminée d'équilibre (*f*)	surge tank	Differential-Wasserschloß
réservoir (*m*)	service reservoir	Ausgleichsbehälter
château d'eau (*m*), réservoir surélevé (*m*)	water tower	Wasserturm
station de pompage, de vage	pumping station	Pumpstation
écrètement des pointes	smoothing off peaks	Abflachung der zeitlichen Spitzen
hourdis	hollow clay blocks	hohle Fertigteile
Types de réseau (*m*)	*Types of hydraulic systems*	*Kategorien der Wassersystemen*
réseau d'assainissement (*m*)	sewerage system	Abwassersystem
réseau unitaire (*m*)	combined system	Mischsystem
réseau séparatif (*m*)	separate system	Trennsystem
réseau semi-séparatif (*m*)	partially separate system	Teiltrennsystem
réseau de distribution (*m*)	distribution network	Verteilungsnetz
réseau maillé (*m*)	branching system (no loops)	Zweigsystem
réseau ramifié (*m*)	network (with loops)	Netzsystem
réseau de canalisations (*m*)	piping network	Leitungsnetz
réseau d'alimentation en eau (*m*)	water supply system	Wasserleitungssystem
Equipement des réseaux de distribution (*m*)	*Service mains fittings*	*Ausrüstung eines Verteilungssystems*
chambre de vannes (*f*)	valve chamber	Schieberkammer
bouches d'incendie (*f*)	fire hydrant (underground)	Feuerwehrhydrant (unterirdisch)

bouches de lavage (*f*)	cleansing hydrant (underground)	Reinigungshydrant (unterirdisch)
bornes d'incendie (*f*)	fire hydrant (pillar type)	Feuerhahn, Feuerwehrhydrant (überirdisch)
borne-fontaine (*f*)	pillar fountain	Säulenbrunnen
robinet de branchement (*m*)	junction cock	Zweigungsschieber
bouche à clé (*f*)	key-operated valve	mit Schlüssel betätigter Schieber
Les éléments du réseau d'assainissement (*m*)	*Sewerage system elements*	*Teile des Abwassersystems*
branchement particulier (*m*)	individual connection	Einzelanschluß
collecteur (*m*)	collector	Sammler
évacuateur (*m*)	outfall drain	Ableitungsrohr
rigole (*f*), caniveau (*m*)	gutter, channel	Rinne
avaloir (*f*), bouche d'égout (*f*)	gully, inlet	Einlass
exutoire (*m*)	outlet	Auslaß
rejet en mer (*m*)	sea outfall	Meerablaß
trapillon (*m*), tampon (*m*)	plug, cover	Deckel
chambre de visite (*f*), regard (*m*)	manhole, inspection chamber	Absturzschacht
Matériaux de canalisations	*Materials for pipes*	*Leitungsmaterialien*
canalisation (*f*), conduite (*f*), tuyau (*m*), tube (*m*)	pipe, main, water main	Rohr, Leitung
amiante-ciment (*m*), asbeste-ciment (*m*)	asbestos cement	Asbestzement
grès (*m*)	salt-glazed ware, stoneware	Steingut, Steinzeugrohr
sidéro-ciment pipe (*m*)	composite pipe, steel and concrete pipe	Rohr aus Stahl und Beton
fonte ductile (*f*)	ductile cast iron	duktiles Gußeisen
protection cathodique (*f*)	cathodic protection	Kathodenschutz
recouvrement intérieur (*m*)	internal lining	Innenauskleidung
coefficient de rugosité (*m*)	roughness coefficient	Reibungsbeiwert
corrosif	corrosive	korrodierend
corrosion (*f*)	corrosion	Korrosion

Equipement des conduites d'eau (*m*)	*Water-main fittings*	*Wasserleitungsausrüstung*
ventouse (*f*), soupape d'aération (*f*)	air valve, double air valve	Luftventil
clapet d'entrée d'air (*m*)	air inlet valve	Belüftungsventil
purgeur (*m*)	bleeder valve	Entlüftungsventil
purgeur sonique (*m*)	sonic bleeder valve	pfeifendes Entlüftungsventil
dispositif de vidange (*m*)	sluicing valve	Entwässerungsschieber
robinet-vanne (*m*)	gate valve	Schieber
vanne papillon (*f*)	butterfly valve	Drosselklappe
vanne de sectionnement, (*f*), vanne d'arrêt	stop valve	Absperrschiebebr
réducteur de pression (*m*)	pressure-reducing valve	Druckminderungsventil
L'épuration des eaux usées (*f*)	*Sewage treatment*	*Abwasserreinigung*
composition des eaux usées (*f*)	sewage composition	Zusammensetzung des Abwassers
pouvoir auto-épurateur (*m*)	self-purifying capacity	Selbstreinigungskraft
milieu récepteur (*m*)	receiving waterway	Vorfluter
réutilisation des effluents (*f*)	re-use of effluents	Abwasserwiederverwertung
récupération des boues (*f*)	sludge recovery	Schlammgewinnung
superficie disponible (*f*)	area available	vorhandener Platz
bassins de stabilisation (*m*)	stabilisation basins	Stabilisationsbecken
periode d'ensoleillement (*f*)	period of sunshine	Zeitraum der Sonnenbestrahlung

Leçon 5: Hydraulique agricole

VOCABULAIRE TECHNIQUE

Les techniques de l'hydraulique agricole

*réduction de l'***humidité** *des sols:* **drainage — mise en valeur**

Evacuation des eaux internes
(c'est-à-dire, les eaux de pluies ou d'irrigation ou de lessivage qui sont produites sur la terre elle-même)

drainage : réseau de **drains** (enterrés)
assainissement : réseau de **fossés** (superficiels)

Evacuation des eaux externes
(c'est-à-dire, les eaux provenant d'autres bassins)

protection contre les crues des rivières
protection contre les ruissellements extérieurs

Evacuation initiale des eaux d'un **sol hydromorphe: assèchement**

augmentation de l'humidité des sols : irrigaticn

superficielle
souterraine
par aspersion
localisée

L'objectif des **aménagements hydro-agricoles** est de résoudre les problèmes hydrauliques posés par les projets de **mise en valeur agricole.** Ils font appel à différentes disciplines: **irrigation, assainissement agricole, drainage, protection contre les crues,** etc. Le principe de ces aménagements est de contrôler l'humidité du sol et de la maintenir à une valeur correspondant aux meilleurs rendements des cultures.

Exercice de compréhension
Complétez les vides du texte suivant.

L'...(1)... et le ...(2)... permettent de réduire cette ...(3)... en période de ...(4)... d'une part en évacuant les eaux de ...(5)... des bassins versants ...(6)... (c'est l'assainissement agricole) et d'autre part en évacuant les ...(7)... qui tombent sur la superficie agricole elle-même (c'est le drainage). L'assainissement se fait généralement par des **fossés** ou canaux à ciel ouvert, tandis que le drainage se fait par **tuyaux enterrés.** Le drainage permet également un **lessivage** des sols destiné à ...(8)... leur salinité.

L'irrigation consiste à apporter aux plantes l'eau dont elles ont besoin ...(9)... des périodes de pluie. Le calcul des besoins en eau des plantes a fait l'...(10)... de nombreuses recherches et est maintenant bien maîtrisé.

Exercice de compréhension
Composez un texte de quelques lignes définissant les différentes techniques utilisées dans les aménagements hydro-agricoles.

Les systèmes d'irrigation

Les principales techniques d'irrigation sont

l'irrigation superficielle, qui est utilisée pour plus de 95% des superficies irriguées dans le monde et qui consiste à distribuer l'eau sur le terrain en nappes ou le long de rigoles

l'irrigation souterraine, qui consiste à humidifier directement les racines des plantes

l'irrigation par aspersion. L'eau est distribuée sous pression et répartie sous forme de pluie à partir d'**asperseurs.**

l'irrigation localisée ou goutte-à-goutte. Il s'agit d'une technique récente, encore peu utilisée, et qui consiste à concentrer l'arrosage sur la zone occupée par les racines de la plante.

L'irrigation superficielle comporte plusieurs techniques, et en particulier:

l'irrigation par submersion. On couvre la surface du terrain d'une couche d'eau assez épaisse qui y reste assez longtemps et s'infiltre progressivement dans le sol. Les arrosages par **bassins** et par **cuvettes** sont des techniques particulières de l'irrigation par submersion.

l'irrigation par ruissellement. L'eau recouvre en nappe continue la surface du terrain. Les arrosages à la **planche,** par **calants,** par **planches étagées** sont des techniques particulières de l'irrigation par ruissellement.

l'irrigation par infiltration. L'eau pénètre dans le sol à partir de points localisés d'infiltration. Les arrosages par **rigoles,** par **sillons,** à la **raie** sont des techniques particulières de l'irrigation par infiltration.

Les équipements d'arrosage de l'irrigation par aspersion sont maintenant assez diversifiés. On peut les classer en trois catégories principales

1. équipements classiques à basse ou moyenne pression (de 2 à 4 bars): les **rampes,** qui sont des tuyaux mobiles ou amovibles reliant les arroseurs aux **bornes d'irrigation** peuvent être: *soit rigides* et dans ce cas elles doivent être déplacées à la fin de chaque arrosage si la couverture du terrain n'est pas complète *soit souple* l'arroseur est alors monté sur traineau et est tracté par le tuyau souple.
2. équipements avec **canons** ou **arroseurs géants** à **poste fixe**
3. équipements avec **arroseurs automoteurs**

Borne d'irrigation à prises multiples

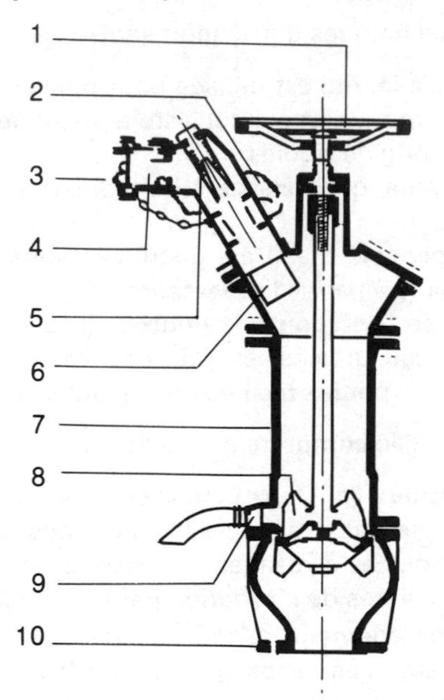

Borne d'irrigation à prises multiples (*f*) (*Schlumberger*)	*Multiple out-take irrigation hydrant*	*Bewässerungshydrant mit mehrfacher Entnahme*
1. volant de manoeuvre (*m*)	operating hand wheel	Handbechenungsrad
2. compteur (*m*)	meter	Wasserzähler

3.	bouchon cadenassable (*m*)	padlocked plug	abschließbarer Stöpsel
4.	limiteur de débit (*m*)	flow limiting device	Abflußbegrenzer, Leistungsbegrenzer
5.	régulateur de pression (*m*)	pressure regulator	Druckregler
6.	tranquilliseur (*m*)	modulator	Beruhigungsstück
7.	manchette de protection antigel (*f*)	frost protection sleeve	Frostschutzmanschette
8.	vanne à soupape (*f*)	valve	Ventil
9.	purgeur automatique (*m*)	automatic drain-cock	automatischer Entleerungshahn
10.	bride de raccordement (*f*)	connection flange	Verbindungsflensch

Exercice de compréhension

Les phrases suivantes sont-elles vraies ou fausses?

1. En règle générale, l'irrigation par aspersion consomme moins d'eau que l'irrigation superficielle.
2. L'irrigation superficielle consiste à contrôler l'humidité du sol en surface uniquement.
3. L'irrigation localisée est actuellement la plus utilisée dans le monde.
4. Les pertes par évaporation les plus faibles sont obtenues avec l'irrigation souterraine et l'irrigation au goutte-à-goutte.
5. L'irrigation par ruissellement est une forme d'irrigation superficielle.
6. Les arrosages par calants sont une technique de l'irrigation par submersion.
7. Les canons d'irrigation fonctionnent à basse pression.

Les spécialistes

Les projets de mise en valeur hydro-agricole font appel à des spécialistes très divers.

Les **topographes** établissent le levé initial du terrain et ensuite implantent les ouvrages.

Les **pédologues** étudient et définissent les aptitudes des sols à la culture irriguée.

Les **agronomes** choisissent les cultures à développer en fonction des sols, du climat, etc.

Les **économistes** étudient la rentabilité du projet

Les ingénieurs hydrauliciens étudient les ouvrages d'adduction et de distribution de l'eau d'irrigation ainsi que les ouvrages d'assainissement et de drainage.

Les **sociologues** participent aux études foncières et à la définition des actions d'accompagnement, notamment au niveau des institutions agricoles.

Exercice de compréhension

De quels spécialistes dépendent les opérations suivantes ?

1. La classification des sols en fonction de leurs aptitudes culturales
2. Le calcul du taux de rentabilité interne
3. L'implantation des ouvrages
4. L'étude des institutions d'encadrement des agriculteurs
5. Le dimensionnement des fossés d'assainissement

CONVERSATION

Smith et Dupont discutent des facteurs qui déterminent le choix d'un système d'irrigation. Ils distinguent les facteurs techniques et les facteurs socio-culturels. Remarquez l'utilisation des expressions suivantes.

Qu'est-ce que tu entends par...	utilisé pour demander la signification d'un mot ou d'une expression.
Je veux dire que...	introduit une explication détaillée d'une opinion donnée précédemment.
Effectivement!	d'accord.

Smith Quels sont d'après toi les critères qui déterminent le choix d'un système d'irrigation plutôt qu'un autre?

Dupont Il y a tellement de facteurs qui peuvent jouer! Je crois qu'il faut distinguer les facteurs purement techniques et les facteurs socio-culturels.

Smith Parmi les facteurs techniques, le climat est un élément déterminant. Dans un pays désertique où la température est élevée et les vents importants, l'irrigation par aspersion ne peut pas s'appliquer. D'abord parce que l'évaporation, qui s'applique à la surface totale des gouttes d'eau, serait trop forte; ensuite parce que le vent empêcherait de localiser l'arrosage.

Dupont Les ressources en eau sont également importantes. Dans un climat assez tempéré, si on dispose d'un réservoir assez élevé mais de volumes d'eau réduits, on pourra recommander l'aspersion parce que les pertes seront moins importantes.

Smith Qu'est-ce que tu entends par 'facteurs socio-culturels'?

Dupont Eh bien, je veux dire que la technique proposée doit être à la portée des agriculteurs qui l'utiliseront. L'irrigation localisée par exemple présente beaucoup d'avantages techniques—consommation d'eau réduite, faible encombrement, maîtrise de la salinité, etc — mais c'est un système sophistiqué, très scientifique, qui demande beaucoup d'entretien.

Smith Effectivement, j'ai entendu parler de plusieurs périmètres d'irrigation, particulièrement en Afrique, qui ne fonctionnent jamais quoique leur conception et leur réalisation soient techniquement parfaites.

Dupont Trop souvent, les ingénieurs se laissent tenter par le côté sophistiqué de techniques nouvelles. Ils n'ont plus les deux pieds sur terre.

Smith Pourtant certains projets sont de belles réussites. Je pense par exemple à l'aménagement du Midi Méditerranéen dans le Sud de la France.

Dupont C'est effectivement une réussite. Les ingénieurs de la Société du Canal de Provence ont réussi à irriguer, le plus souvent par aspersion, 60 000 hectares de terres qui sont maintenant parmi les plus productives de France.

Smith Pourtant, ils ont utilisé des techniques assez nouvelles.

Dupont En tous cas, ils ont développé à une échelle sans précédent des techniques telles que la **régulation automatique** des canaux d'alimentation, la distribution d'eau à la demande, le télé-contrôle, etc.

Smith Tout ça est très beau dans le contexte d'un pays doté d'une infrastructure et d'une mentalité industrielles. Mais dans un pays sous-développé...

Dupont Et voilà, on en revient aux facteurs socio-culturels.

Réunion de travail entre un ingénieur-conseil et son client. Dupont, représentant de l'ingénieur-conseil défend le principe de l'irrigation de nuit et en présente les avantages. Remarquez les expressions suivantes.

D'abord, ... ensuite ...	introduit deux idées successives.
Remarquez, ... D'ailleurs, ...	attirent l'attention sur un nouvel argument.
Vous croyez?	demande de confirmation d'un élément exposé précédemment.
Je suis pour!	manière informelle de marquer son accord.

Client Ah! Vous voilà, Monsieur Dupont. Nous pouvons commencer notre réunion. Quel est l'ordre du jour?

Dupont Bonjour, messieurs. Eh bien, je voudrais d'abord discuter de notre projet d'irrigation. En particulier, nous devrions décider s'il sera possible d'arroser de nuit.

Client Pourquoi de nuit?

Dupont D'abord parce que l'évaporation est moins forte de nuit. On peut donc réduire les consommations. Ensuite, parce que le matériel mobile peut être utilisé plus longtemps. Il en faut donc moins.

Client Oui, mais ça suppose que les fermiers vont se lever la nuit pour surveiller et mettre en route les arrosages. Ils ont le droit de se reposer tout de même. Surtout à ce moment de l'année.

Dupont C'est ça le problème. Remarquez, ça n'arrivera qu'en période de pointe, et au moment du tour d'arrosage, c'est-à-dire pas plus de 9 ou 10 nuits par an.

Client Ah bon, moi, j'imaginais quand vous parliez d'irrigation de nuit que tous les arrosages se feraient la nuit.

Dupont Non, nous nous sommes mal compris. Je veux dire que pendant les quelques semaines où la demande est maximale, les parcelles qui n'ont pas pu être satisfaites de jour peuvent être alimentées de nuit. D'ailleurs, en général les agriculteurs supportent bien ce système.

Client Vous croyez?

Dupont Ah, c'est certain.

Client Et au niveau des consommations, qu'est-ce qu'on gagne?

Dupont Avec les ressources en eau que nous prévoyons, l'irrigation de nuit permettrait d'irriguer 10% de superficies supplémentaires.

Client Bon, et bien, ça vaut le coup alors? Et vous qu'est-ce que vous en pensez?

Dupont	Ah, moi, je suis pour. Ca se remarque d'ailleurs, non?
Client	Pas un peu, oui. Allez, bon pour l'irrigation de nuit! Maintenant, vous voudrez bien m'excuser un moment. J'ai un problème à régler. Je suis à vous dans dix minutes.
Dupont	D'accord. Nous pouvons attendre ici?
Client	Certainement. A tout de suite.
Dupont	Oui, à bientôt.

Echange de télex

Le bureau d'études Dupont, chargé de l'étude du développement hydroagricole des plaines de l'oued El Bassé, reçoit un message du Maître d'Ouvrage à propos d'un problème technique urgent. A. Dupont, directeur du bureau d'études, répond personnellement à ce message. Ensuite il reçoit la réponse finale de son client.

Un télex comprend normalement les indications suivantes.

Au début du télex

nom et coordonnées du destinataire

A:	introduit le nom de la firme
ATTENTION:	introduit le nom de la personne à qui le message est destiné

objet du télex et/ou références du dossier auquel il se rapporte

REF:
CONCERNE:
OBJET:

A la fin du télex

formule de politesse abrégée

SALUTATIONS DISTINGUEES	pour un client
MEILLEURS SENTIMENTS	pour un collègue ou un associé
AMITIES, A BIENTOT	pour un ami

nom et coordonnées de celui qui envoie le message

Notez également que les accents peuvent être indiqués, quand il y a danger de confusion, en reproduisant le mot à la fin du message en laissant des espaces de part et d'autre de la lettre accentuée.
Exemple: ACH E TE pour achète ; ACHET E pour acheté.

Exemple d'un échange de télex

569034 ODPB KN
236783 DUPT F
18-8-82 REF 23/F

A: BUREAU D'ETUDES DUPONT
ATTENTION: M. DUPONT

----

1. CONCERNE: DIGUES PROTECTION EL BASSE.
   HAUTEURS DIGUES AU-DESSUS T.N.
   NON MENTIONNEE PLANS DE PROJET.
   CHANTIER STOPPE.
   PRIERE ENVOYER INGENIEUR D'URGENCE.

2. CONCERNE: VOS HONORAIRES
   ATTENDONS FACTURES POUR REGLEMENT SOLDE

SALUTATIONS DISTINGUEES
DIRECTION GENERALE
OFFICE DEVELOPPEMENT PLAINES EL BASSE

569034 ODPB KN
236783 DUPT F

236783 DUPT F
569034 ODPB KN
19-8-82 REF 90/R23

A: OFFICE DEVELOPPEMENT PLAINES EL BASSE
ATTENTION DE M. LE DIRECTEUR GENERAL

----

1. DIGUES PROTECTION

HAUTEURS SPECIFIEES SUR DESCRIPTIF TECHNIQUE DU
LOT NO 3 ET PROFIL EN LONG DES DIGUES.
COTE REFERENCE = POINT DE NIVELLEMENT SUR PONT
RN 47.
PENSONS ENVOI INGENIEUR INUTILE.

2. HONORAIRES

FACTURES ENVOYEES LETTRE RECOMMANDEE 17.8.82.

3. REUNION DE COORDINATION

IMPOSSIBLE DE VOUS RENDRE VISITE 25.8.82 COMME
PREVU. PROPOSONS 26.8.82, MEME HEURE.

SALUTATIONS DISTINGUEES
A. DUPONT

236783 DUPT F
569034 ODPB KN

569034 ODPB KN
236783 DUPT F
20-8-82 REF 24/F

A: BUREAU D'ETUDES DUPONT
ATTENTION: M. DUPONT

----

1. HAUTEURS DIGUES RETROUVEES. O.K.

2. FACTURES ARRIVEES. O.K.

3. OK POUR 26.8.82 A 10 HEURES.

SALUTATIONS DISTINGUEES
OFFICE DEVELOPPEMENT PLAINES EL BASSE

569034 ODPB KN
236783 DUPT F

EXERCICES

Exercice 1. Construction des phrases

Observez comment les expressions suivantes sont utilisées dans les textes. Ensuite, construisez pour chacune expression une nouvelle phrase suivant le modèle figurant dans le texte.

1. résoudre un problème — poser un problème — maîtriser un problème
2. à ciel ouvert
3. consister à
4. en dehors de
5. faire l'objet de
6. déterminer le choix de
7. être à la portée de
8. avoir les deux pieds sur terre

Exercice 2. Usage des prépositions

Remplissez les espaces blancs en choisissant parmi les prépositions suivantes: de — en — par — à.

...(1)... Afrique, les projets ...(2)... irrigation ...(3)... aspersion ...(4)... la demande ne sont pas développés ...(5)... grande échelle. L'irrigation superficielle, qui consiste ...(6)... submerger le sol ...(7)... saison sèche reste ...(8)... usage parce qu'elle fait appel ...(9)... des techniques simples. Les besoins ...(10)... eau des plantes sont déterminés ...(11)... les agronomes en fonction ...(12)... conditions climatiques.

Exercice 3. Composition

Imaginez la situation suivante. La plaine de l'oued Zoum Zoum doit être irriguée à partir d'un barrage-réservoir. La température maximale de l'air est de 35° C pendant la saison sèche. La topographie est assez irrégulière et les sols sont surtout argileux. Quel système d'irrigation proposez-vous? Pourquoi?

Exercice 4. Compréhension

Composez un texte de quelques lignes en réponse à chacune des questions suivantes.

1. Quelles sont les principales techniques d'irrigation et leurs champs d'application?
2. Quels sont les facteurs qui déterminent le choix d'un système d'irrigation?

3. Quels sont les différents spécialistes qui participent aux études hydro-agricoles et quelles sont leurs responsabilités?
4. Quels sont les avantages et les inconvénients de l'irrigation de nuit?

Exercice 5. Composition de télex

Vous êtes l'ingénieur chargé de l'organisation des irrigations dans la plaine de l'oued Zoum Zoum. Un vent chaud et dessèchant souffle depuis trois jours et il faut absolument augmenter les doses d'arrosage si on veut éviter que les plantes souffrent ou meurent. Vous décidez de contacter

l'office national de météorologie, pour connaître les prévisions de durée de ce temps particulier

le ministère de l'agriculture, pour qu'il avertisse les fermiers des mesures à prendre

l'opérateur du barrage-réservoir, pour qu'il augmente les lâchers, suivant un programme que vous définissez.

Composez les télex correspondants et les réponses que vous recevez.

GLOSSAIRE

Les faux amis

Au rayon des faux amis, on relèvera

drainage — drainage — Drainage

Quoiqu'il puisse avoir une signification générale d'évacuation des eaux en excès, le mot est plutôt utilisé en français pour désigner un réseau de drains enterrés, par opposition à assainissement qui désigne un réseau de fossés (à ciel ouvert).

drain — drain — Drain, Drän

En français, un drain est presque toujours une conduite enterrée qui recueille l'eau du sol. En anglais, c'est plutôt un fossé à ciel ouvert. Pour éviter toute confusion, on précisera: 'tuyau de drainage'; 'fossé de drainage'.

surface drainée — drainage area — Dränage Gebiet

Les expressions française et allemande désignent une superficie équipée d'un système de drainage, généralement artificiel. L'expression anglaise se rapporte à une superficie drainée naturellement. On peut la traduire par 'bassin versant'.

Les disciplines (f) et les spécialistes de l'hydraulique agricole (m)	*Disciplines and specialists in land and water development engineering*	*Fachgebiete und Fachleute in der Landwirtschaftlicher Wasserbau*
mise (f) en valeur (f) agricole	land reclamation	Landgewinnung
assèchement (m)	desiccation	Trockenlegung
drainage (m) et assainissement (m)	field drainage	landwirtschaftliche Entwässerung
protection (f) contre les crues (f)	flood protection	Hochwasserschutz
pédologie (f)	soil science	Bodenkunde
pédologue	soil scientist, soil surveyor	
agronomie (f), agronome	agronomy, agronomist	Ackerbaukunde, Agronom
agro-économie (f)	agroeconomy,	Agro-Ökonomie
agro-économiste	agroeconomist	Agroökonom
irrigation (f)	irrigation	Bewässerung
irriguer	to irrigate	bewässern
hydrologie (f)	hydrology	Hydrologie
hydrologue	hydrologist	Hydrologe
sociologie (f)	sociology	Soziologie
sociologue	sociologist	Soziologe
étude foncière (f)	land tenure survey	Flurbereinigungsstudie
remembrement (m)	reallocation of lands	Flurbereinigung

Les techniques d'irrigation (f)	*Irrigation methods*	*Bewässerungsmethoden*
irrigation souterraine (f)	subsurface irrigation	unterirdische Bewässerung
irrigation par aspersion (f)	sprinkler irrigation	Sprinkler Bewässerung
les arroseurs (m) sur rampe fixe (m)	sprinklers rain guns fixed laterals	Sprinkler auf Zweigrohren
les canons d'arrosage (m), les arroseurs géants (m)	rain guns	Wasserkanone
les arroseurs automoteurs	self-driven sprinklers	selbstantreibende Sprink.
rampes géantes automotrices (f)	self-driven beams	selbstantreibende Rohre
irrigation de surface (f), irrigation superficielle	surface irrigation	oberflächenentwässerung

par submersion (*f*)	flood irrigation	Bewässerung durch Überstauung
par infiltration (*f*)	furrow irrigation	Furchenbewässerung
par ruissellement (*m*)	flush irrigation, surface flooding irrigation	Rieselbewässerung
irrigation localisée (*f*) irrigation au goutte (*f*) à goutte	drip irrigation	Tropfenbewässerung
arrosage (*m*)	sprinkling	Beregnung
Réseau d'irrigation par aspersion (*m*)	*Sprinkler irrigation system*	*Sprinklersystem*
borne d'irrigation (*f*)	hydrant	Hydrant
soupape de décharge (*f*)	relief valve	Entlastungsventil
conduite en charge (*f*)	pressure pipe	Druckrohr
régulateur de débit (*m*)	discharge regulator	Abflußregler
régulateur de pression (*m*)	pressure regulator	Druckregler
rampe (*f*)	lateral	Zweigrohr
arroseur (*m*), asperseur (*m*)	sprinkler, irrigator	Sprinkler
vanne volumétrique (*f*) vanne compteur (*f*)	volumetric valve	Wassermengenventil
compteur volumétrique (*m*)	water meter	Wasseruhr
balancier (*m*) d'arroseur (*m*)	sprinkler oscillator	Schwinghebel
buse (*f*), ajutage (*m*)	nozzle	Wurfdüse
arrosage (*m*) sur frondaison (*f*)	foliage sprinkling	Überkronenberegnung
arrosage (*m*) sous frondaison (*f*)	ground sprinkling	Ünterkronenberegnung, Tiefberegnung
système fixe (*m*) d'arrosage (*m*)	fixed sprinkler system	stationäre Beregnungsanlage
système (*m*) mobile d'arrosage (*m*)	portable sprinkler system	vollbewegliche Beregnungsanlage
arroseur (*m*) à flèche (*f*)	boom sprinkler	Regnergerät mit Ausleger
arroseur rotatif (*m*) tourniquet (*m*)	rotating sprinkler	Drehstrahlregnersystem
Irrigation par submersion	*Flood irrigation*	*Bewässerung durch Überstauung*
submersion (*f*) artificielle	submersion irrigation	Staubewasserung

arrosage (*m*) par cuvettes (*f*)	basin irrigation	Beckenbewässerung
arrosage (*m*) par bassins (*m*)	check irrigation, block irrigation check flooding	Parzellenweise Bewässerung, Blockbewässerung
arrosage (*m*) par bassins suivant les courbes de niveau	contour check irrigation, terraced irrigation	Bewässerung parallel zu den Höhenlinien
irrigation par épandage (*m*) de crues (*F*)	spate irrigation	Schwallbewässerung
culture (*f*) de décrue (*f*)	spate cropping, flood cropping	
bassin (*m*)	check, basin	Parzelle, Bewässerungsfläche
Irrigation par infiltration	*Furrow irrigation*	*Furchenbewässerung*
sillon (*m*), rigole (*f*)	furrow	Furche
arrosage (*m*) à la raie (*f*)	corrugation irrigation	Furchenbewässerung
raies (*f*)	corrugations, rills	Riefen, Rillen
rigoles en arète (*f*) de poisson (*m*)	herringbone furrows	Fischgrätenfurchen, Schrägfurchen
rigoles de grande longueur	long furrows, long line furrows	Längsfurchen
Irrigation par ruissellement	*Flush irrigation*	*Rieselbewässerung*
arrosage par rigoles de déversement (*m*)	flooding from ditches	Staugrabenbewässerung
arrosage par rigoles de niveau (*m*)	contour ditch irrigation	Hanggrabenbewässerung
arrosage à la planche (*f*) arrosage par calants (*m*)	border irrigation, border strip irrigation	Stauberieselung mit Hilfe von parallel laufenden Begrenzungsstreifen
arrosage par planches étagées	bench border irrigation	Terassenbewässerung
planche (*f*), calant (*m*)	border strip	durch Grenzstreifen begrenzte Bewässerungsflächen
bourrelet (*m*)	border	Streifen, Begrenzungsstreifen
palier (*m*) d'une planche	flat zone	Flachzone
partie (*f*) en pente (d'une planche) (*f*)	sloping zone	Gefällzone

Réseau de drainage	*Subsurface drainage system*	*Dränungssystem*
drainage (*m*), drainage souterrain	subsurface drainage, field drainage	Unterirdischeentwäss-erung, Dränung
drain (*m*), drain souter-rain	subsurface drain, buried drain, field drain, lateral drain	Drän, Dränstrand
tuyau (*m*) de drainage	tile drain, field drain pipe	Dränrohr
drain (*m*) d'interception (*f*)	intercepting drain, catch drain, collector drain	Fangdrän, Abfangstrang
collecteur secondaire (*m*)	sub-main	Nebensammler
collecteur principal (*m*)	main drain	Sammler, Hauptdrän, Sammeldrän
fossé couvert (*m*)	French drain	Steindrän, Sickerdohle
drain vertical (*m*), puits absorbant (*m*)	vertical drain, inverted well	Vertikalentwässerung Umgekehrter Brunnen
drainage taupe (*m*), drainage (*m*) par charrue-taupe (*f*)	mole-drainage	Maulwurfdränung
drain-taupe (*m*), drain (*m*) en coulée (*f*) de taupe (*f*)	mole-drain	Maulwurfdrän
obus (*m*)	mole	Maulwurf

Réseau d'assainisse-ment	*Drainage system*	*Entwässerungssystem*
assainissement (*m*)	drainage	Entwässerung
drainage (*m*) de surface	surface drainage	Oberflächen-entwässerung
fossé (*m*)	drain, open drain, surface drain	offener Graben
fossé (*m*) de drainage (*m*)	drainage channel	Ablaufgerinne Entwäss-erungsstrand
émissaire (*m*)	(regional) outlet channel	(regionaler) Vorfluter
fossé principal (*m*)	outlet ditch, outlet channel, principal drain	Vorflutgräben, Vorflut-gerinne
fossé collecteur (*m*) fossé colature (*m*)	open ditch, open drain, collector drain	offener Graben
petit fossé (*m*)	field ditch	Feldgräben, Mulden
saignée (*f*) de drainage	sheep drain	Weidegräben
bassin versant (*m*)	drainage area, catchment area	Entwässerungsfläche

réseau hydrographique (*m*)	drainage pattern	Entwässerungssystem
ruissellement (*m*)	run off	Abfluß

Réseau d'irrigation (m) par canaux (m)	*Surface irrigation system*	*Kanalbewässerungssystem*
canal d'alimentation (*m*)	canal, supply canal	Zubringerkanal
système de canaux (*m*)	canalisation system	Kanalsystem
canal principal (*m*)	main canal	Hauptkanal
canal secondaire	secondary canal, distributary	Nebenkanal
canal tertiaire, canal de distribution	tertiary canal, watercourse, farm channel	Tertiärkanal, Verteilungskanal
barrage de dérivation (*m*)	weir, diversion structure	Wehr
canal de dérivation (*m*)	diversion canal	Ableitungskanal

L'équipement des canaux et fossés (m)	*Equipment of canals and drains*	*Kanal- und Dränageausrüstung*
ouvrage de prise (*m*)	offtake	Einlauf, Einnahme
tête morte (*f*)	feeder canal, headreach	Zulaufkanal
ouvrage de chute (*m*)	drop structure, drop, crossfall	Absturz
exutoire (*m*)	outfall	Ausfluß
recouvrement (*m*)	lining	Bekleidung, Verkleidung
gabion (*m*)	gabion	Drahtnetz
perré maçonné (*m*)	revetment, paved revetment	Uferauskleidung, Erosionsschutz
pierrailles en vrac (*m*)	rip-rap (dumped)	Schotter
pierres sèches ajustées (*f*), hérisson (*m*)	pitching (handplaced)	Pflaster
ouvrage de régulation (*m*)	regulator	Reglungsbauwerke
module à masque (*m*)	baffle type distributor	Verteiler
vanne (*f*) à niveau (*m*) amont constant	constant upstream level gate	Schütz für konstanten Oberwasserstand
vanne (*f*) à niveau (m) aval constant	constant downstream level gate	Schütz für konstanten Unterwasserstand
régulateur (*m*)	cross regulator, check	Querregler
partiteur (*m*)	distributor, divisor	Verteiler
dessableur (*m*)	sand trap, sediment basin	Sandfang

ponceau (*m*), aqueduc (*m*)	culvert	Durchlaß
coursier (*m*)	chute channel	Schußrinnenkanal
clapet (*m*) de retenue (*f*)	non-return valve, flap valve, check valve	Klappe, Siel, Klappenverschuß
régulation (*f*) automatique	automatic control	Automatisierung
télé-contrôle (*m*)	remote control	Fernantrieb
Caractéristiques (*m*) *des canaux* (*m*) *et des fossés* (*m*)	*Characteristics of canals and drains*	*Kanalen- und Grabeneigenschaften*
canal (*m*) d'alimentation (*f*)	canal, feeder channel	Kanal, Flußbett
fossé (*m*), canal (*m*) de drainage	open drain, collecting ditch	Sammelgraben, Hauptgraben
profil en travers (*m*), coupe transversale (*f*)	cross section	Querschnitt, Querprofil
profil en long (*m*)	longitudinal section	Längsschnitt, Längsprofil
tracé (*m*)	alignment, line	Liniehalten, Trasse
débit capable maximum (*m*), debit maximum normal (*m*)	maximum normal flow, maximum discharge design capacity	Ausbaugröße, Ausbauwassermenge
ligne d'eau (*f*), profil hydraulique (*m*)	flow line, water surface profile	Ausbauwasserstand
courbe (*f*) de remous (*m*)	back water curve	Staulinie
revanche (*f*)	freeboard	Freibord
rayon hydraulique (*m*)	hydraulic radius	hydraulischer Radius
périmètre mouillé (*m*)	wetted perimeter	benetzter Umfang
tirant d'eau (*m*)	water depth	Ausbauwassertiefe
largeur (*f*) au plafond (*m*)	bottom width	Sohlbreite
pente (*f*) des talus (*m*)	side slopes	Böchnungsneigung
berme (*f*)	berm, bench	Berme, Bankett
cavalier (*m*)	spoil bank, waste bank	seitlich gelagerter Aushub
cunette (*f*)	cunette	Sickerstrang, Niedrigwasserrinne
débouché (*m*), exutoire (*m*)	outfall	Auslauf, Mündung, Ausfluß
L'eau dans le sol	*Water in soil*	*Wasser im Bodem*
hydromorphie (*f*)	waterlogging	Vernässung
terre hydromorphe (*f*)	waterlogged land	vernaßter Boden

eau capillaire (*f*)	capillary water	Porensaugwasser
eau de gravité, eau libre (*f*)	free water	Gravitationswasser, freies Wasser
eau fixée (*f*)	bound water	gebundenes Wasser
eau de saturation (*f*)	water in saturation	Sättigungswasser
eau disponible (*f*)	available moisture	nutzbare Spreicher-feuchte
point (*m*) de flétrissement (*m*)	wilting point	Welkepunkt
évapo-transpiration (*f*)	evapo-transpiration	Gesamtverdunstung
lessivage (*m*)	leaching	Auslaugung
salinité (*f*)	salinity	Salzgehalt
Organisation (*f*) *des irrigations*	*Organisation of irrigation water distribution*	*Bewässerungsorganization*
période (*f*) de pointe (*f*)	peak demand period	
tour (*m*) d'arrosage (*m*)	rotation, irrigation interval	Umlaufzeit
main d'eau (*f*), débit (*m*) optimal d'une prise (*f*)	outlet capacity	optimale Kapazität eines Auslasses
dose (*f*) d'arrosage (*m*)	irrigation depth	Bewässerungshöhe
module (*m*) d'arrosage	irrigation module	Bewässerungsmodul
coefficient (*m*) d'uniformité (*f*) (Christiansen)	uniformity coefficient	Gleichförmigkeitsbeiwert

Leçon 6: Les barrages

VOCABULAIRE TECHNIQUE

Les fonctions des barrages

Les barrages sont des ouvrages de **retenue d'eau** qui sont utilisés dans divers types de projets et dont les objectifs peuvent être classés en cinq catégories.

régulation des débits, sur les cours d'eaux navigables ou sur les rivières dont les crues doivent être maîtrisées
création d'une **réserve d'eau,** pour l'alimentation en eau potable ou industrielle ou d'irrigation
production d'énergie électrique, en utilisant la différence de niveau entre l'amont et l'aval du barrage
relèvement du niveau de l'eau pour permettre une dérivation
création d'un lac artificiel, par exemple pour les sports nautiques.

Exercice de compréhension
Complétez le texte ci-dessous.

Le plus souvent les barrages répondent à plusieurs ...(1).... Par exemple un ...(2)... situé à l'amont d'un périmètre d' ...(3)... pourra d'une part créer une ...(4)... d'eau pour la ...(5)... sèche et écrêter les ...(6)... pendant la saison des ...(7).... Si la **d** ...(8)... entre l'amont et l' ...(9)... du barrage est importante, on essaiera de ...(10)... une centrale ...(11)... pour récupérer l'...(12)... potentielle de l'eau. Et en général, on profite de la ...(13)... pour développer des sports ...(14)... ou la pêche.

Les types de barrages

Les coupes schématiques de quelques ouvrages sont représentées et commentées dans le glossaire de cette leçon. La classification des barrages peut être schématiquement présentée comme suit

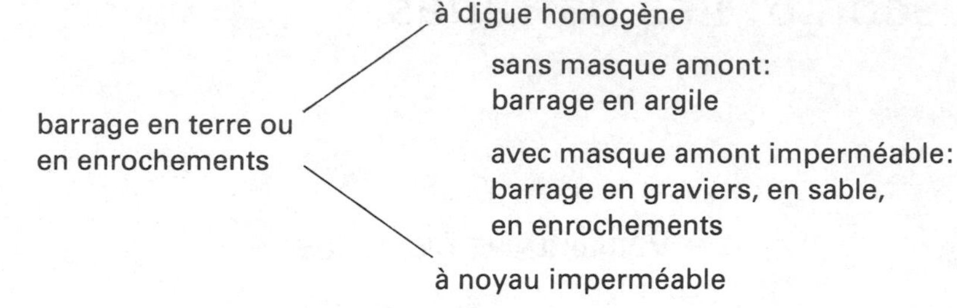

barrages en béton — voûte / poids / à voûtes multiples / à contreforts

Exercice de compréhension

Complétez le texte ci-dessous

On distingue plusieurs types de barrages en fonction des ...(1)... utilisés pour leur construction. Les **barrages en ...(2)...** sont constitués de **matériaux meubles** qui sont déposés par **couches successives.** Cette catégorie comprend plusieurs types de ...(3)... en fonction du matériau utilisé: ...(4)..., ...(5)..., ...(6).., ...(7)..., etc.

Les barrages en terre

Exercice de compréhension

Complétez les vides du texte ci-dessous, en vous aidant au besoin du vocabulaire du glossaire.

Le schéma à la page 111 représente la coupe-type d'un barrage en terre avec **drain vertical central** et ...(1)... **amont.** Il s'agit d'un **barrage homogène,** c'est-à-dire construit à partir d'un seul matériau, probablement ...(2).... Un barrage **non homogène** ou **composite** comprend ...(3)... matériaux dont l'un est un **matériau imperméable** et constitue **le** ...(4)... de la digue.

Les barrages en béton

Exercice de compréhension

Complétez les vides du texte à la page 99 en vous aidant au besoin du vocabulaire du glossaire.

Le groupe des barrages en béton comprend également plusieurs types d'ouvrages caractérisés par des principes de construction différents.

barrage-poids. Le ...(1)... du barrage (force verticale) équilibre la poussée de l'...(2)... sur la face amont (force perpendiculaire au parement).

barrage en arche, barrage-voûte. La ...(3)... de l'eau est reportée sur les appuis. On trouvera dans le glossaire à la page 114 la coupe type d'un barrage voûte avec station de production et de transformation du courant électrique.

barrage à contreforts. La poussée hydraulique est reportée sur le ...(4)... de fondation par l'intermédiaire des contreforts.

CONVERSATIONS

Nous retrouvons nos deux amis. Smith, qui connaît manifestement les problèmes de barrages, répond aux questions de Dupont sur les conditions qui déterminent le choix du type de barrage, sur les barrages à objectifs multiples, sur les retenues collinaires. Remarquez les expressions suivantes.

En effet, . . . Ce n'est pas étonnant	marquent un accord.
Tu peux m'expliquer . . . De quoi s'agit-il?	introduisent une demande.
Tu en sais des choses	marque une certaine admiration.
Si peu, si peu.	réponse de fausse modestie.

Smith Tu voulais une explication sur un problème de barrage, c'est ça?

Dupont C'est exact, mais si tu veux commencons par nous entendre sur la signification des mots. En français, barrage est un mot général qui est utilisé pour désigner tout ouvrage établi en travers d'un **cours d'eau** et dont le but est de retenir l'eau. Je crois que le barrage anglais est bien différent.

Smith En effet, en anglais, barrage désigne un ouvrage créant une faible dénivellation, sur un **cours d'eau navigable** par exemple, tandis que les ouvrages plus élevés sont désignés par le mot 'dam'.

Dupont En allemand, c'est encore différent: 'Damm' est utilisé surtout pour les barrages en terre.

Smith J'ai trouvé dans la littérature technique française près d'une centaine de mots désignant différents types de barrage.

Dupont Ce n'est pas étonnant. Les conditions techniques et les objectifs de chaque barrage sont tellement variables que chaque ouvrage est un cas particulier. Les matériaux disponibles, les coûts de construction, les moyens de réalisation, pour ne citer que quelques facteurs, sont toujours différents d'un cas à l'autre.

Smith Les **conditions topographiques** et **géologiques** jouent également un rôle. Dans une **gorge étroite** à versants imperméables et résistants, on pensera d'abord à un barrage-voûte. Dans une vallée plus large à lit alluvionnaire, on pensera plutôt à un barrage en terre.

Dupont Tu peux m'expliquer ce qu'on entend par 'barrage à objectifs multiples'?

Smith Si par exemple, un barrage peut simultanément laminer les crues d'une rivière, créer une réserve d'irrigation, et alimenter une centrale électrique, sa rentabilité pourra être calculée en tenant compte de plusieurs effets positifs: économie sur les fossés ou les digues de protection contre les crues, plus-value agricole due à l'irrigation, production d'énergie électrique.

Dupont Bien, je crois qu'on a fait le tour des problèmes, non?

Smith Il faut encore tenir compte des problèmes qui se posent après la construction. En particulier dans les pays semi-désertiques, la constitution de réserves d'eau est aléatoire en raison d'une part de l'**envasement** de la retenue et d'autre part de l'**évaporation,** qui peut atteindre plusieurs mètres d'eau par an.

Dupont J'ai entendu parler de **retenues collinaires.** De quoi s'agit-il en fait?

Smith Les retenues collinaires sont des barrages en terre de faible hauteur qui sont généralement créés dans les collines et qui servent des objectifs multiples. C'est une technique douce, c'est-à-dire qu'elle peut être abordée avec des moyens modestes, à l'échelle locale.

Dupont Et bien mon vieux, tu en sais des choses!

Smith Oh, si peu, si peu!

Barrage en terre à noyau central

Coupe transversale

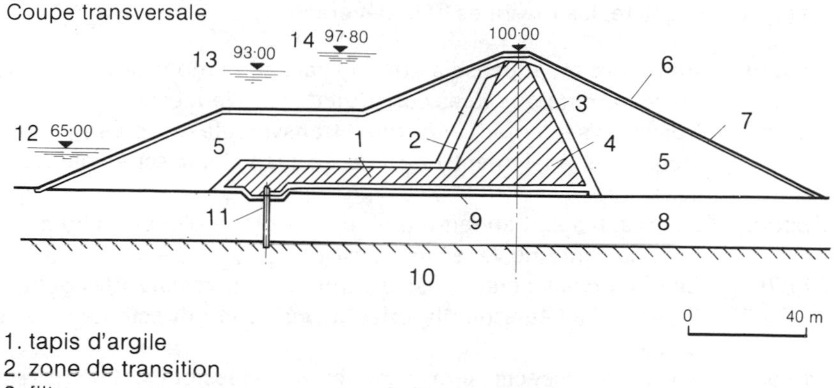

1. tapis d'argile
2. zone de transition
3. filtre
4. noyau imperméable
5. corps de la digue
6. herbes plantées
7. enrochement
8. alluvions
9. filtre grossier
10. marne argileuse
11. diaphragme en béton
12. niveau minimum
13. niveau maximum
14. niveau maximum de crue

Vue en plan

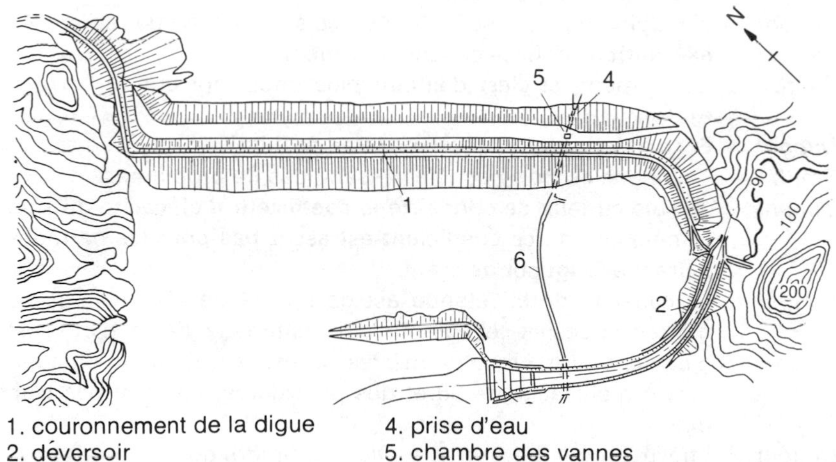

1. couronnement de la digue
2. déversoir
3. bassin de tranquillisation
4. prise d'eau
5. chambre des vannes
6. canal d'irrigation

Smith a participé à la construction d'un barrage en terre à noyau central. Il en discutte les différents aspects techniques avec son collègue Dupont, et en particulier les objectifs du barrage, son étanchéité, son coefficient d'efficacité, les masques et le déversoir.

Dupont Alors, Smith, je pensais que tu allais nous montrer une coupe de ce barrage que tu as construit dans ta jeunesse.

Smith Voici non seulement une coupe transversale de l'ouvrage principal mais également une vue en plan. (voir schémas, page 101).

Dupont Je vois. Il s'agit en fait d'une longue digue d'environ 50 m de haut barrant une vallée assez large.

Smith Son principal objectif est d'alimenter un réseau d'irrigation. Tu vois d'ailleurs que la **prise d'eau** débite directement dans un canal.

Dupont Tous ces aspects sont relativement classiques. Ce qui est moins courant, c'est le système d'imperméabilisation. Je vois là sur la coupe que le noyau central n'est pas prolongé en fondation jusqu'aux couches imperméables. C'est assez curieux ça.

Smith Remarques que l'étanchéité est complétée par un **tapis d'argile** et par un **diaphragme** en béton dont les extrémités sont encastrées d'une part dans le tapis et d'autre part dans le **substratum imperméable.**

Dupont J'imagine que la justification de ce système est de réduire les **excavations** dans la couche intermédiaire.

Smith Exactement, et c'est d'autant plus important que le barrage est long.

Dupont Et ça fonctionne, ce système? Pas de **fuite?**

Smith Touchons du bois, jusqu'à présent, pas de problème.

Dupont Je suis curieux de connaître le **coefficient d'efficacité** du site. Généralement, ce coefficient est assez bas pour les barrages à grande **longueur de crête.**

Smith La capacité de la retenue est de l'ordre de 400 millions de mètres cubes et le volume des matériaux de la digue est d'environ 11 millions de mètres cubes, ce qui donne un coefficient d'efficacité de 36 et des poussières. Ce n'est pas trop mal.

Dupont Effectivement, on a vu pire. Dis-moi Smith, quels matériaux a-t-on utilisés pour les **masques amont** et aval?

Smith Masque amont en enrochements, pour protéger la digue contre les vagues et les variations du niveau d'eau. Masque aval, en **tapis herbacé.**

Dupont Le fonctionnement du déversoir n'apparaît pas clairement sur la vue en plan. Comment ça marche?

Smith L'extrémité amont est constituée de deux sections parallèles à **couronnements** libres, et l'ouverture intermédiaire est équipée de deux vannes frontales cylindriques.

Dupont Et bien c'est un joli travail, félicitations mon vieux!

Smith Tu sais, entre nous, je n'ai pas construit tout ça tout seul.

Dupont Ah bon, je croyais...

EXERCICES

Exercice 1. Compréhension des textes

Répondez aux questions suivantes en utilisant le vocabulaire du glossaire et en vous basant sur l'exemple suivant.

Exemple: Quelle est la différence entre un barrage-voûte et un barrage à contreforts?

Un barrage-voûte reporte la poussée de l'eau horizontalement vers les rives tandis que le barrage à contreforts reporte surtout la poussée verticalement vers le sol de fondation.

Quelle est la différence entre

1. un barrage-voûte et une retenue collinaire ?
2. un barrage en enrochements et un barrage en argile ?
3. le mot 'barrage' en français et le mot 'barrage' en anglais ?
4. le mot 'dam' en anglais et le mot 'Damm' en allemand ?
5. les conditions topographiques et les conditions géologiques ?
6. les techniques douces et les techniques dures?

Exercice 2. Emploi des expressions particulières

Identifiez les expressions suivantes dans les textes et les conversations. Ensuite, construisez une autre phrase en utilisant chacune des expressions.

1. classer en catégories
2. distinguer
3. différent d'un cas à l'autre
4. jouer un rôle

5. tenir compte de
6. d'une part . . . d'autre part

Exercice 3. Discussion technique

Le glossaire (pages 111–115) de cette leçon comprend quatre coupes schématiques de barrages. Regardez ces coupes et pour chacune d'elle

décrivez le barrage, les matériaux utilisés, les détails de construction, les différents équipements.

discutez les avantages et les inconvénients de ce type d'ouvrage: coût, volume de matériaux, difficultés de réalisation, hauteur maximale, entretien, résistance aux séismes, conditions topographiques, conditions géologiques, etc.

proposez des cas d'application.

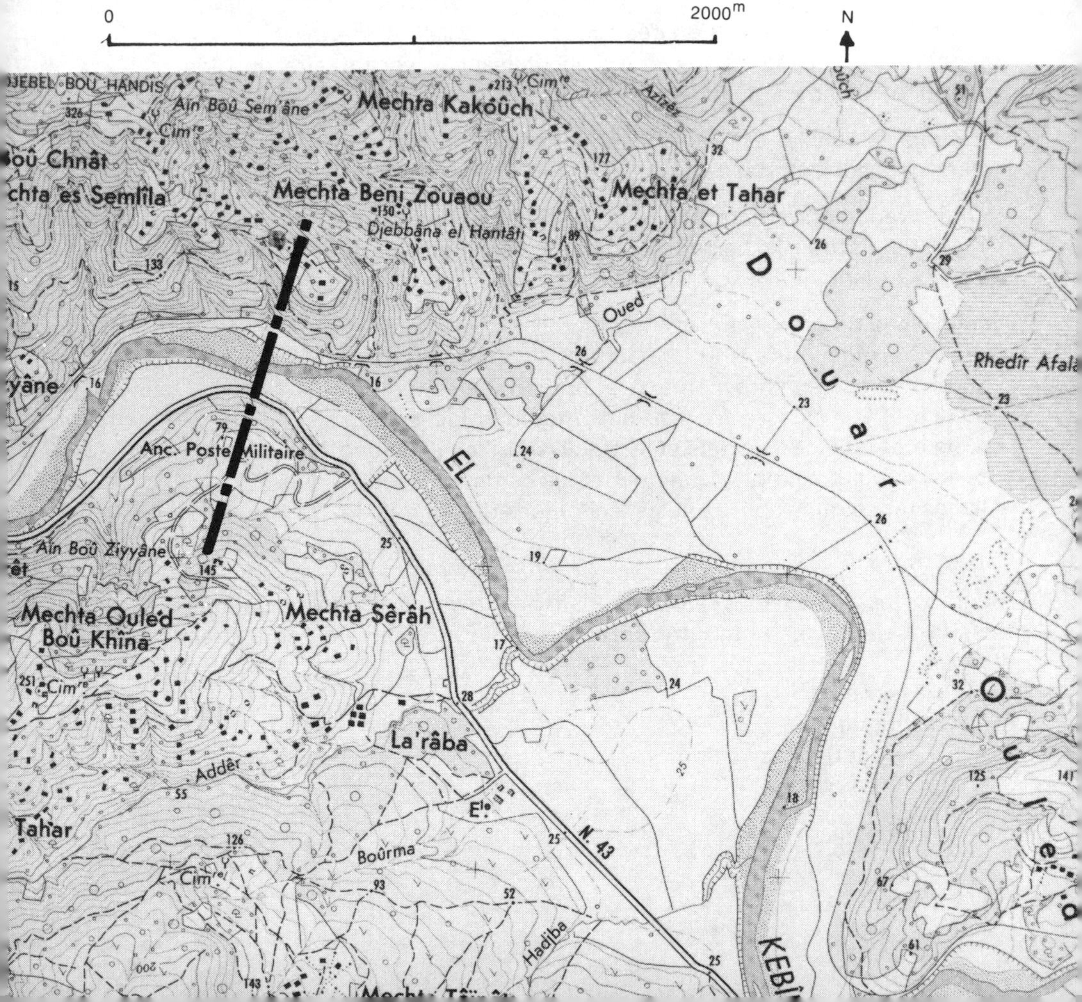

Exercice 4. Rapport technique

On envisage de construire un barrage de 70 m de hauteur au site marqué sur l'extrait de carte ci-dessous (carte au 1/25 000, équidistance de 5 m). L'axe proposé pour l'ouvrage est également représenté.

Ecrivez un rapport d'une page environ sur

les avantages et inconvénients du site choisi.

le type de barrage à envisager.

les facteurs à analyser au niveau de l'étude de faisibilité.

GLOSSAIRE

Les Faux amis

barrage — barrage

On a cité déjà la différence entre

barrage en français: tout ouvrage barrant une vallée ou un cours d'eau, quelque soit son importance

barrage en anglais: ouvrage muni de vannes établi en travers d'un cours d'eau pour dériver une partie du débit vers un canal d'alimentation et pour réguler le régime à l'amont de l'ouvrage

Damm en allemand: s'applique surtout aux ouvrages en terre.

réservoir — reservoir — Reserven

Rappelons également que le mot anglais 'reservoir' se traduit par 'retenue' ou 'barrage réservoir'. 'Réservoir' seul désigne en français un ouvrage de stockage d'eau dans un réseau de distribution ('service reservoir' en anglais).

Fonctions des barrages (f)	*Functions of dams*	*Funktionen der Staudämme*
retenue, emmagasinement d'eau (*m*)	water storage	Speicher
réserve d'eau (*f*)	water reserve	Wasserreserven
régulation des débits (*f*)	flow regulation	Abflußregulierung
protection contre les crues (*f*)	flood protection	Hochwasserschutz
écrètement (*m*), laminage des crues (*f*)	peak flood attenuation	Verflachung der Hochwasserwelle
écrèter, laminer	to attenuate, to smooth off	verflachen
relèvement du niveau (*m*)	water-level raising	Anhebung des Wasserspiegels

production d'énergie électrique (*f*)	production of electricity	Stromerzeugung
création d'un lac artificiel (*f*)	creation of an artificial lake	Schöpfung eines künstlichen Sees
sports nautiques (*m*)	water sports	Wassersport

Types de barrages (*m*)	*Types of dam*	*Dammenkategorien*
barrage en terre (*m*)	earth-dam, earthfill dam	Erdstaudamm, Damm
barrage en enrochements (*m*)	rockfill dam	Steinschuttdamm
barrage en terre et en enrochements (*m*)	composite type rockfill dam, earth- and rockfill dam	Staudamm aus Erde und Steinschutt
barrage en argile (*m*)	clay dam	Tondamm
barrage en maçonnerie (*m*)	masonry dam	Mauerwerkdamm
barrage en béton	concrete dam	Betondamm
barrage poids	gravity dam	Schwergewichtsmauer
barrage poids à profil triangulaire (*m*)	gravity dam of triangular section	Schwergewichtsmauer von dreieckigem Durchschnitt
masque levy (*m*)	Levy-type facing	Schutzverkleidung nach Levy
barrage-poids déversoir (*m*)	gravity spillway dam	Gewichtsmauer mit Uberfall
barrage en arc (*m*), barrage-voûte (*m*)	arch dam	Bogenstaumauer
barrage à contreforts	buttress dam	Pfeilerstaumauer
barrage à contreforts (*m*) à tête ronde (*f*)	roundhead buttress dam	Pfeilermauer mit abgerundeten Köpfen
barrage à contreforts (*m*) à dalle plane (*f*)	flat slab buttress dam	Plattenpfeilermauer
barrage à voûtes multiples	multiple arch dam	Vielfachbogenmauer
barrage homogène	homogeneous dam	homogener Damm
barrage composite, à zones, non homogène (*m*)	composite dam, multiple zoned dam, zoned dam	Damm mit verschiedenen Zonen
retenue collinaire (*f*)	small earth dam and reservoir in hilly area	Speicher im Hügelgebiet mit Erddamm
matériau meuble (*m*)	loose material,	loser Boden
couches successives (*f*)	successive layers	aneinanderfolgende Schichten

matériau imperméable (*m*)	impermeable material	undurchlässiges Material
matériau perméable (*m*)	permeable material	durchlässiges Material
matériau semi-perméable (*m*)	semi-permeable material	halbdurchlässiges Material
appui (*m*)	abutment	Wiederlager

Conditions topographiques (f)	*Topographic features*	*Topographische Verhältnisse*
cours d'eau (*m*)	watercourse	Wasserlauf
cours d'eau navigable (*m*)	navigable watercourse	schiffbarer Wasserlauf
dénivellation (*f*)	fall, difference of level	Höhenunterschied
coefficient d'efficacité du site (*m*)	site efficiency coefficient	Koeffizient der Wirkungsgrades der Dammstelle
gorge étroite (*f*), défilé (*m*)	narrow gorge	enge Schlucht
versant de vallée (*m*)	valley sides	Talseiten
cañon (*m*)	canyon	Cañon
talweg ou thalweg (*m*)	thalweg	Talweg
ravin (*m*)	ravine	Schlucht
plaine alluviale (*f*)	alluvial plain	Alluvialfläche
vallée fluviale (*f*)	river valley	Flußtal
vallée structurale (*f*)	structural valley	strukturelles Tal

Conditions géologiques (f)	*Geological features*	*Geologische Verhältnisse*
substratum imperméable (*m*)	impermeable substratum	undurchlässige Unterschicht
alluvion (*f*)	alluvium	Alluvium
roches compactes (*f*)	hard rocks	dichtes Gestein
roches altérées (*f*)	decomposed or weathered rocks	zersetztes, verwittertes Gestein
fissure (*f*), crevasse (*f*)	crack, fissure	Riß
faille (*f*)	fault	Verwerfung
zone karstique (*f*)	karstic zone	Karstzone

Barrage en terre (*m*)	*Earth dam*	*Erdstaudamm*
excavation (*f*)	cut, excavation	Einschnitt, Aushub
zone d'emprunt (*f*)	borrow area	Materialentnahmestelle
puits d'emprunt (*m*)	borrow pits	Entnahmegrube

remblai (*m*)	fill	Auffüllung
remblai tout venant (*m*)	random fill	Auffüllung mit unsortierem Material
remblai hydraulique (*m*)	hydraulic fill	hydraulische Auffüllung
voile d'étanchéité (*m*), masque d'étanchéité (*m*), parafouille (*m*)	diaphragm, cut off	Abdichtung, Dichtungsschleier
noyau (*m*), noyau central (*m*)	core, hearting	Kern
massif amont (*m*)	upstream shell	oberwasserseitiger Stutzkörper
massif aval (*m*)	downstream shell	unterwasserseitiger Stutzkörper
tapis d'argile (*m*)	clay blanket	Tonteppich

Déversoir (*m*)	*Spillway*	*Hochwasserentlastungslage*
barrage déversoir (*m*)	overflow dam, spillway dam	Überlauf auf Dammkrone
barrage insubmersible (*m*)	non-overflow dam	Staumauer oder Damm ohne Überlauf
déversoir (*m*), évacuateur (*m*), trop-plein (*m*)	spillway, outfall, overflow, escape	Überfall, Ableitung Überlauf
auge de pied (*f*), saut de skiflip (*m*)	flip bucket, ski-jump	Sprungschanze
bassin de tranquillisation (*m*), bassin d'amortissement (*m*), chambre brise-charge (*f*)	stilling basin	Tosbecken
crue nominale du déversoir (*f*)	spillway design flood, spillway capacity	Entwurfswassermenge
évacuateur de secours (*m*)	emergency spillway	Notüberfall
digue fusible (*f*)	fuse-plug bank	wegspülbarer Damm
évacuateur commandé (*m*)	controlled, gated spillway	regulierter Überfall
évacuateur automatique (*m*)	automatic spillway	automatischer Überfall
doucine (*f*)	ogee	Kehlleiste
profil type de Creager (*m*)	Creager-type crest profile	Wehrform nach Creager
évacuateur à gradins (*m*)	stepped spillway	Überlauf treppenförmiger
couronnement libre (*m*)	free crest	freie Krone

évacuateur en puits (*m*)	drop inlet spillway, Morning Glory spillway	Schachüberfall, Uberfall-türm
raccordement (*m*)	transition	Übergang
siphon (*m*)	siphon, syphon	Heber
ressaut (*m*)	hydraulic jump	Wechselsprung

Dimensions de barrages	*Dimensions of dams*	*Dammausmaße*
développement (*m*), longueur de crête (*f*)	length of dam, length of crest	Kronenlänge
hauteur maximum de retenue (*m*)	hydraulic height	hydraulische Höhe
épaisseur à la base (*f*)	maximum base width	Breite der Aufstands-fläche
épaisseur en crête (*f*)	width of crest	Kronenbreite
volume de retenue (*m*)	reservoir capacity	Dammvolumen
axe longitudinal du barrage (*m*)	dam axis	Dammachse
cote de la crête (*f*)	crest level	Kronenstand
revanche (*f*)	freeboard	Freibord
ligne de pied amont (*f*)	upstream toe line	oberwasserseitiger Dammfuß
ligne de pied aval (*f*)	downstream toe line	unterwasserseitiger Dammfuß

Barrages réservoirs (*m*)	*Reservoirs*	*Staubecken*
lac-réservoir (*m*)	storage reservoir, reser-voir	Stausee
bassin versant (*m*)	drainage basin, catch-ment area	Einzugsgebiet
ligne de partage des eaux (*f*)	catchment boundary	Wasserscheide
ruissellement (*m*)	run off	Abfluß
coefficient de ruisselle-ment (*m*)	run off coefficient	Abflußzahl
rendement du bassin (*m*)	catchment yield	Ertrag des Einzugsge-biets
digue de rivage (*f*)	riverside dyke	Flußuferdamm
bord (*m*)	rim	Rand
eau morte (*f*)	dead storage	totes Speichervolumen
eau utilisable (*f*)	effective storage capacity	nutzbares, aktives Spei-chervolumen
emmagasinement saisonnier (*m*)	seasonal storage	Saisonspeicherung

emmagasinement annuel (*m*)	annual storage	jährliche Speicherung
envasement (*m*)	silting, sedimentation	Verlandung
évaporation (*f*)	evaporation	Verdunstung
fuite (*f*)	leakage	Lecken
Vidange (*f*), *chasse* (*f*)	*Draining, flushing*	*Entwässerung, Spülung*
barrage sans vidange (*m*)	blind dam, solid dam	Damm ohne Auslaß
barrage à pertuis (*m*)	sluice dam	Damm mit Spülvorrichtung
pertuis de chasse (*m*), pertuis de vidange (*m*)	flushing outlet, draining culvert	Öffnung für Spülung, für Entwässerung
vidange de fond (*f*)	bottom outlet	Grundablaß
orifice de chasse (*m*)	sluicing outlet	Spülablaß
Galerie (*f*), *tunnel* (*m*)	*Gallery, tunnel, adit*	*Stollen, Tunnel*
galerie de fondation (*f*)	foundation gallery	Fundamentsstollen
galerie de drainage (*f*)	drainage gallery	Entwässerungsstollen
galerie d'accès aux vannes (*f*)	gate gallery	Zugangsstollen
galerie d'injection (*f*)	grouting gallery	Injektionsstollen
galerie d'inspection (*f*)	inspection gallery	Beobachtungsstollen
Injection (*f*)	*Grouting*	*Injektion*
coulis d'injection (*m*)	grout	Injektionsgut
rideau d'injection (*m*)	grout curtain	Mörtelschleier
injection (*f*), jointement (*m*)	grouting	Injektion
trou d'injection (*m*)	grout hole	Injektionsloch
Prise (*f*)	*Intake*	*Einnahme*
prise d'eau (*f*)	water intake	Wassereinnahme
tour de prise (*m*)	intake tower	Einnahmetürm
orifice de prise (*f*)	intake orifice	Nutzwasserauslaß
Tapis (*m*), *masque* (*m*)	*Blanket, facing*	*Abdichtungsteppich*
tapis imperméable (*m*)	impermeable blanket	undurchlässiger Teppich
tapis amont (*m*)	upstream blanket	Oberwasserteppich
tapis de drainage (*m*), tapis filtrant	drainage layer, filter layer	Dränageteppich mit Filter
tapis herbacé (*m*)	grassed surface, greensward	Grasteppich
masque en enrochements (*m*)	rip-rap, stone pitching	Steinschutteppich
masque en béton armé (*m*)	reinforced concrete facing	Membran in Stahlbeton

masque en béton bitumineux (*m*)	bituminous facing	Membran in Bitumenbeton
Parafouille (*m*)	*Cut-off*	*Abdichtung*
parafouille complet (*m*), coupure totale (*f*)	positive cut-off, total cut-off	vollständige Abdichtung
parafouille incomplet (*m*), coupure partielle (*f*)	partial cut-off	unvollständige Abdichtung
seuil parafouille (*m*)	stub cut-off, toe wall	Herdmauer, Abdichtungsmauer
diaphragme en béton (*m*)	concrete diaphragm	Schlitzwand aus Beton
Drainage (*m*)	*Drainage*	*Entwässerung, Dränage*
drain (*m*)	drain	Drän
filtre (*m*)	filter	Filter
filtre inversé (*m*)	inverted filter	umgekehrter Filter
tranchée drainante (*f*)	drain trench	Entwässerungsgraben
drain cheminée (*m*)	chimney drain	Entwässerungskamin
puits drainant (*m*), puits filtrant (*m*)	drain well, relief well	Entwässerungsloch
drain de pied (*m*)	toe drain	Dammfußentwässerung

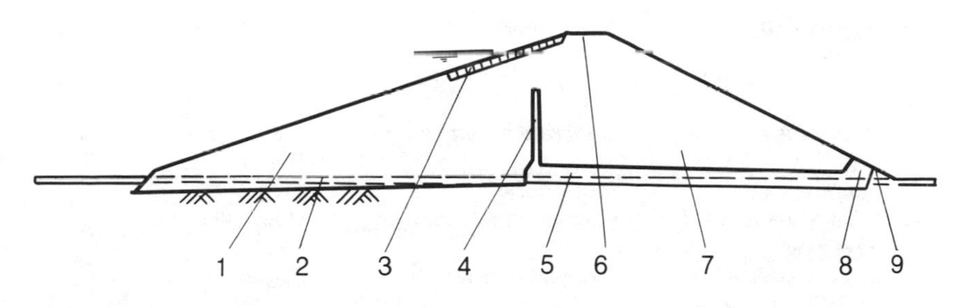

Barrage en terre (*m*)	*Earth dam*	*Erddamm*
1. argile compactée (*f*)	puddled clay	verdichteter Ton
2. conduite de prise (*f*)	outlet pipe	Auslaßrohr
3. masque amont en enrochements (*m*)	upstream rip-rap, blanket, stone pitching	wasserseitige Steinschüttung
4. drain vertical (*m*)	vertical drain	vertikale Entwässerung
5. filtre horizontal (*m*), tapis de drainage (*m*)	horizontal filter, drainage layer	horizontale Entwässerung, Entwässerungsschicht

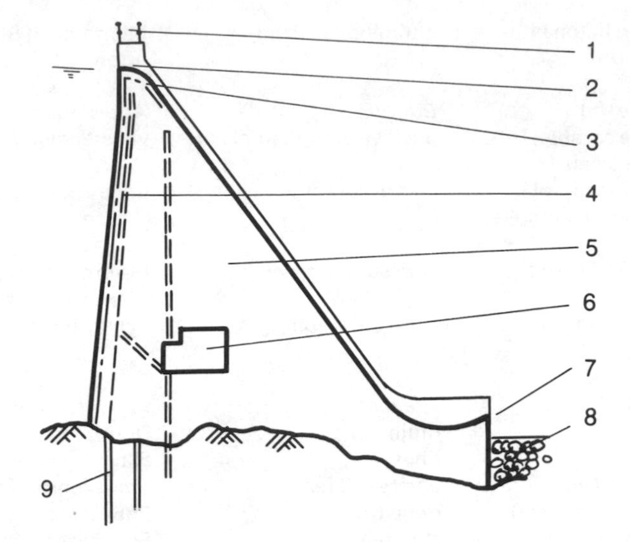

Barrage poids en béton

6. crête de la digue (*f*)	embankment crest	Dammkrone
7. corps du barrage (*m*)	body of the dam	Dammkörper
8. drain de pied de talus (*m*)	toe drain	Dammfußentwässerung
9. pied aval (*m*)	downstream toe	luftseitiger Fuß

Barrage poids en béton	*Concrete gravity dam*	*Schwergewichtsmauer aus Beton*
1. passerelle (*f*)	foot-bridge	Steg
2. crête déversante (*f*), déversoir (*m*)	spillway crest, spillway	Überfallkrone
3. écran d'étanchéité en PVC (*m*)	PVC water stop	Fugenband aus PVC
4. colonne de drainage (*f*)	drain pipe	Entwässerungssteigrohr
5. béton de masse (*m*)	mass concrete	Massenbeton
6. galerie de visite (*f*)	inspection gallery	Beobachtungsstollen
7. saut de ski (*m*)	ski jump, flip bucket	Sprungschanze
8. enrochements (*m*)	rockfill, riprap, stone pitching	Steinschüttung
9. rideau d'étanchéité (*m*)	impermeable curtains	Injektionsschleieren

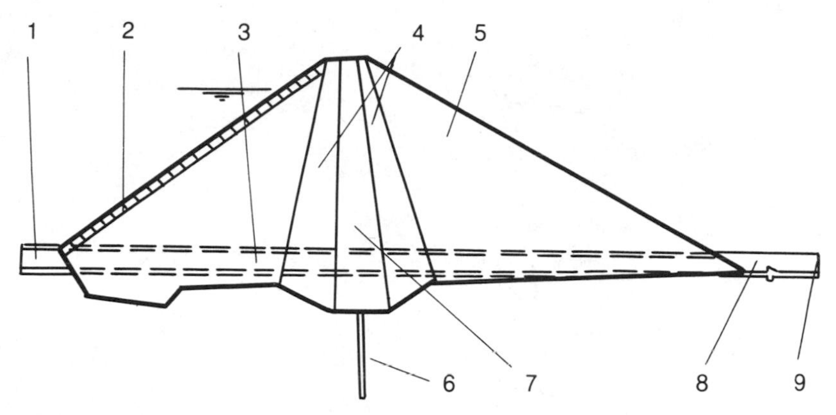

Barrage en enrochements (m)	*Rockfill dam*	*Steindamm*
1. prise de vidange (*f*)	sluicing intake	Grundablaß (Einnahme)
2. masque amont (*m*)	upstream protection	wasserseitige Schutzschicht
3. galerie de fuite (*f*)	sluicing outlet	Grundablaß
4. filtre de graviers (*m*)	gravel filter	Kiesfilter
5. enrochements (*m*)	rockfill, rip-rap, stone pitching	Steinschüttung, Stützkörper
6. rideau d'injection (*m*), coupure partielle (*f*)	grout curtain, partial cut off	Injektionsschleier, teilweise Dichtung
7. noyau d'argile (*m*)	claycore	Tonkern
8. chambre d'amortissement (*f*)	stilling basin	Tosbecken
9. évacuation (*f*)	discharge	Auslaß

Barrage-voûte avec bâtiment des machines et station de transformation (m)	*Arch dam with power house and transformer station*	*Bogenstaumauer mit Kraftwerk und Umspannanlage*
1. dalle de chaussée en encorbellement avec trottoirs (*f*)	cantilevered roadway with footpaths	ausgekragte Fahrbahnplatte mit Gehsteigen
2. crête de barrage (*f*)	dam crest	Talsperrenkrone
3. plate-forme de commande avec treuil (*f*)	control platform with winch	Bedienungsbühne mit Seilwinde

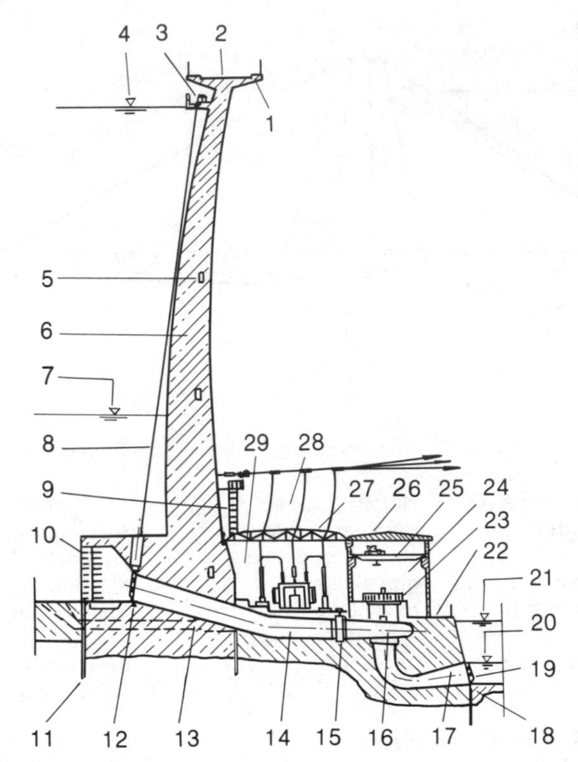

Barrage-voûte avec bâtiment des machines et station de transformation (m)

4.	niveau de la retenue (*f*)	highest water storage level	Stauziel
5.	galerie de visite (*f*)	inspection gallery	Beobachtungsstollen
6.	barrage-voûte (*m*)	arch dam	Bogenstaumauer
7.	niveau de vidange (*m*)	lowest operating water level	Absenkziel
8.	câble de commande de vanne d'entrée (*m*)	intake gate control cable	Bedienungsseil für Einlaßverschluß
9.	escalier d'accès à la plate-forme d'observation (*m*)	observation platform access ladder	Stiege zur Beobachtungsplatform
10.	grille d'entrée (*f*)	intake screen	Einlaufrechen
11.	cloison en palplanches (*f*)	sheet piling cutoff	Spundwand
12.	vanne d'entrée à	intake lifting gate	Einlaß-Hubschütz

	Français	English	Deutsch
	mouvement vertical (*f*)		
13.	évacuateur de fond (*m*)	low level sluiceway	Grundablaß
14.	conduite forcée (*f*)	penstock	Druckleitung, Triebwasser leitung
15.	soupape d'étranglement (*f*)	throttle valve	Drosselventil
16.	carcasse de turbine (*f*)	turbine housing	Turbinengehäuse
17.	cône de fuite (*m*)	draft tube	Auslauftrompete
18.	radier du bassin de tranquillisation (*m*)	floor of stilling basin	Sohle des Tosbeckens
19.	vanne de non-retour (*f*)	non-return flap valve	Rückstauklapp
20.	niveau aval normal (*m*)	normal tailwater level	normaler Unterwasserstand
21.	niveau aval maximal (*m*)	highest tailwater level	höchster Unterwasserstand
22.	voie d'accès (*f*)	access road	Zufahrtstraße
23.	génératrice (*f*)	generator	Stromerzeuger, Generator
24.	bâtiment des machines (*m*)	power house	Krafthaus, Maschinengebäu
25.	pont roulant, avec chariot (*m*) de roulement, pont roulant	overhead travelling (gantry) crane (with grab)	Laufkran mit Laufkatze
26.	toit en béton armé (*m*)	solid reinforced concrete roof slab	massives Stahlbetondach
27.	fermes en acier (*f*)	steel roof truss construction	Stahlfachwerk-Dachkonstruktion
28.	ligne aérienne haute tension (*f*)	overhead high tension transmission line	Hochspannungs-Freileitung
29.	poste extérieur (*m*)	transformer and switchgear plant	Umspann- und Schaltanlage

Leçon 7: Les routes

VOCABULAIRE ET INFORMATIONS TECHNIQUES

Les techniques routières

Les projets comportant la construction de routes étant très variés, on a développé plusieurs techniques, depuis les pistes en sol-ciment utilisées pour les chemins d'exploitation dans les aménagements hydro-agricoles, jusqu'aux autoroutes des liaisons internationales. Les techniques se différencient d'une part, par l'importance des fondations, et d'autre part, par le type de revêtement. Le sol-ciment est une technique dans laquelle la chaussée (fondation et revêtement) est constituée par de la terre stabilisée par des additions de ciment.

Les revêtements les plus utilisés pour les routes importantes sont le béton de ciment, qui constitue une chaussée rigide; et le béton asphaltique, qui forme une chaussée souple.

Les Faux amis

Au rayon des faux amis, on notera les différences entre les significations des mots suivants.

goudron (français) produit de distillation de la houille.

bitume (français) produit naturel ou de distillation du pétrole constitué de molécules hydrocarbonées et solubles dans le sulfure de carbone

bitumen (anglais et allemand) tout produit (naturel, houiller ou pétrolier) soluble dans le sulfure de carbone

asphalte (français) mélange de bitume et de poudre calcaire

asphalt (anglais et allemand) bitume ou mélange de bitume et de poudre calcaire

Exercice de compréhension

Discutez les questions suivantes.

Quels sont les principaux types de revêtement routier?
Quels sont leurs avantages et leurs inconvénients?

Les études routières

On notera particulièrement dans le texte suivant

les termes utilisés dans la justification d'un choix
critère — motif — élément déterminant — facteur — paramètre — prendre en considération — déterminer — être à la base de
les termes se rapportant au tracé de la route
rayon de courbure — raccordement — alignement droit
les termes se rapportant au profil en travers
voies de circulation — accotement — chaussée.

Les critères utilisés pour déterminer le tracé, les profils en long et en travers, les matériaux et les équipements des chaussées varient d'un projet à l'autre. Cependant, certains aspects sont toujours pris en considération.

le volume du trafic La prévision du nombre d'utilisateurs détermine le nombre de **voies de circulation** et le profil en travers type.
la vitesse maximale autorisée Cette vitesse détermine les **rayons de courbure** et les types de **raccordement** entre **courbes** et alignements droits.
le tonnage Le poids maximum des véhicules est la base du choix des matériaux de la **chaussée** et des fondations.
la sécurité On choisit la signalisation, la visibilité, l'aménagement des carrefours, la largeur des voies, les accotements, etc, en fonction du degré de sécurité qu'on veut assurer aux utilisateurs.

A cet égard, les routes départementales, étroites, sinueuses et encombrées de carrefours, offrent une sécurité minimale, tandis que les autoroutes sont aménagées pour offrir une sécurité maximale.

Le profil en travers

Exercice de compréhension
Déterminez quels sont les termes de la liste à la page 118 qui correspondent aux quatre définitions suivantes. Ensuite, trouvez une définition en français des six autres termes.

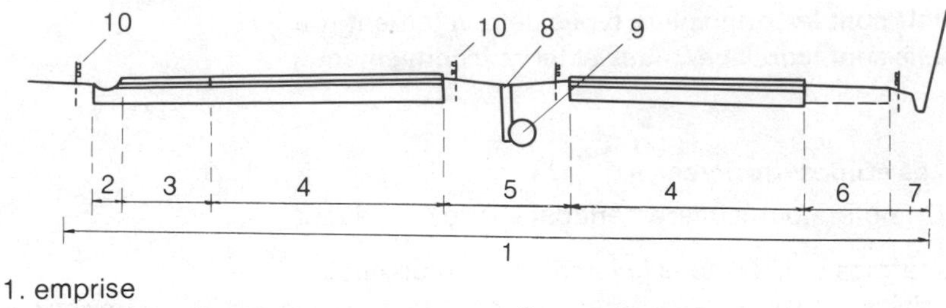

1. emprise
2. caniveau
3. bande d'accélération ou de décélération ou d'arrêt d'urgence
4. chaussée
5. terre-plein central
6. accotement
7. fossé
8. avaloir
9. collecteur
10. glissière de sécurité

1. partie aménagée de la route, sur laquelle circulent normalement les véhicules
2. terrain réservé à la construction de la route et de ses équipements
3. bande latérale non revêtue, capable normalement de supporter le poids d'un véhicule en stationnement
4. profilage du bord de la chaussée destiné à la collecte et à l'écoulement des eaux

La composition des chaussées

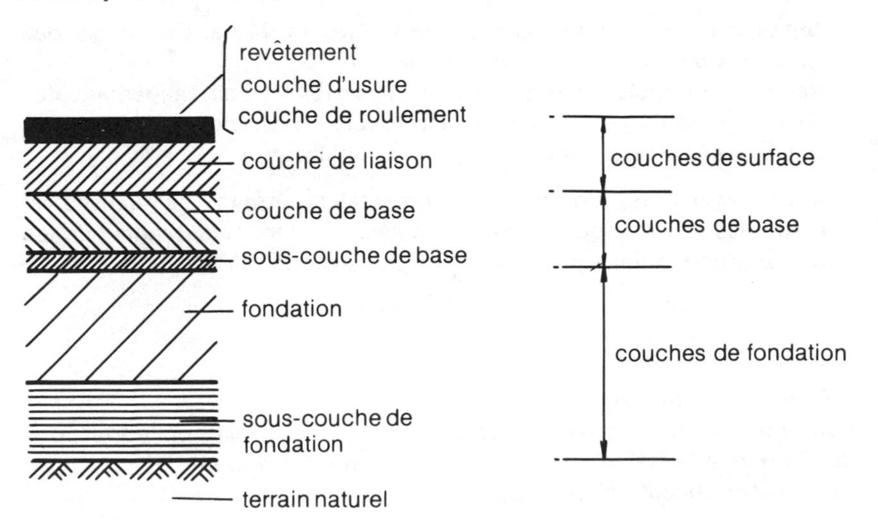

Exercice de compréhension

Utilisez les mots de la coupe à la page 118 pour remplir les vides du texte suivant.

Une chaussée classique comprend, de haut en bas trois types de couches: couches de ...(1)..., couches de ...(2)... et couches de ...(3). Les sous-couches de ...(4)... sont destinées à isoler la fondation et la chaussée du ...(5).... On peut citer trois types de ...(6)....

anti-capillaire: évite la remontée de l'eau par capillarité.
anti-contaminante: évite la remontée d'argile.
anti-gel: évite les inégalités de portance dues au gel.

On applique souvent une couche de liaison ou d'accrochage pour assurer une bonne adhérence entre la couche de ...(7)... et la couche de roulement. Enfin, couche de scellement ou de fermeture ou de cure sont des termes généraux utilisés pour désigner certains traitements de surface.

Les engins de terrassement

Les noms anglais des engins de terrassement sont très utilisés en français. L'académie française, qui veille au maintien de la pureté de la langue, a proposé des mots correspondants de racine française, pour lutter contre le développement du franglais dans le vocabulaire technique, mais ces nouveaux termes restent peu utilisés. Nous citerons quelques-uns de ces nouveaux mots, mais il reste correct d'employer les correspondants anglais (au masculin), en les prononcant bien sûr à la française.

Nom anglais utilisable en français	*Equivalent français officiel*	
bulldozer	bouldozeur (*m*) bouteur (*m*)	
tournadozer	bouteur à pneus (*m*)	

scraper
motorscraper

décapeuse (*f*)
décapeuse
automotrice

grader
motorgrader

niveleuse (*f*)
niveleuse
automotrice

loader

chargeur (*m*)
chargeuse (*f*)

dumper

tombereau (*m*)

Parmi les engins dont seul le nom français est utilisé, on citera la pelle qui peut être, d'après le mode de transmission des manoeuvres, une pelle hydraulique ou une pelle mécanique, qui peut être montée

sur chenilles...

ou sur pneus,

et qui peut être équipée

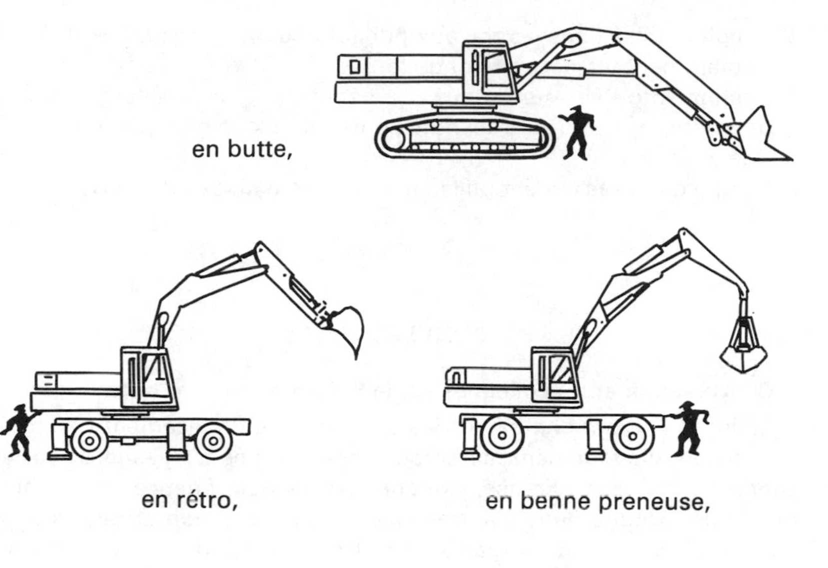

en butte,

en rétro, en benne preneuse,

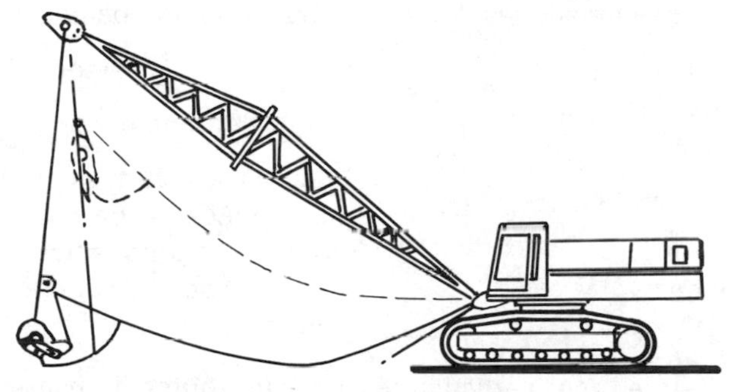

ou en dragline.

Exercice de compréhension

Trouvez dans la liste précédente les noms (français et franglais) des engins correspondant aux définitions suivantes.

Ensuite, donnez une définition en français des autres engins de la liste.

1. engin de travaux publics équipé d'une lame à l'avant et servant surtout au déblaiement des terres.
2. engin, généralement automoteur, servant au chargement des terres sur camion ou tombereau.

3. engin, utilisé dans les travaux publics et dans l'agriculture, et servant notamment au creusement de fossés.
4. benne montée sur roues, généralement à déchargement par l'arrière, qui sert au transport de matériaux et plus particulièrement de terres.
5. engin de terrassement utilisé pour régler le niveau des terres.

CONVERSATIONS

Conversation entre collègues sur le financement des routes

Smith et Dupont comparent les systèmes de financement des projets routiers en vigueur dans différents pays européens: **péage** et **sociétés concessionnaires** en France, vignette en Belgique, financement public et utilisation gratuite dans d'autres pays. La conversation s'étend aux problèmes d'écologie et d'organisation des sociétés. Remarquez quelques expressions caractéristiques d'une conversation entre deux collègues.

à mon avis / je trouve	introduit un avis personnel.
qu'est-ce que c'est que cette bête rare?	marque l'étonnement.
mais alors/et pourtant	simple liaison de deux phrases, sans signification particulière.
que dirais-tu de . . .	introduit une proposition.
d'accord, allons-y	marque un accord sur une proposition.

Smith Il y a une particularité des autoroutes françaises que je trouve inadmissible: c'est le péage. Alors que les Français utilisent gratuitement les autoroutes des autres pays européens, nous sommes obligés de contribuer à la construction de leurs autoroutes.

Dupont Remarques que nous ne sommes plus les seuls à faire payer l'utilisation des autoroutes: certains tronçons du réseau italien sont soumis au même régime et les Belges vont également adopter un système de vignette, c'est-à-dire qu'il faudra acheter au poste frontière une vignette à coller sur le pare-brise de la voiture et qui autorise à circuler sur les autoroutes.

Smith A mon avis, on devrait plutôt supprimer toute forme de paiement. C'est un retour au moyen-âge.

Dupont En fait, la raison du péage est que les autoroutes françaises à l'exception des tronçons de **contournement** des grandes villes, sont construites et gérées par des entreprises privées: les sociétés concessionnaires.

Smith Qu'est-ce que c'est que cette bête rare?

Dupont Eh bien, quand le gouvernement français décide de construire une nouvelle autoroute, il confie le **financement,** la **réalisation** et la **gestion du projet** à une société qui est créée à cette occasion et qui est gérée comme une société privée: c'est-à-dire que les travaux sont réalisés avec le **capital** des **actionnaires.** Ensuite, les péages servent à payer les **dividendes** et à **rembourser les emprunts** éventuels.

Smith Est-ce que ces sociétés sont rentables?

Dupont Parfaitement rentables. Certaines font même des bénéfices importants. L'amortissement est pratiquement terminé au bout de quatre ou cinq ans, alors que les péages continuent bien au-delà.

Smith Mais alors, on risque que la rentabilité soit le seul critère pris en considération pour le choix du tracé de l'autoroute.

Dupont Est-ce que la situation est tellement différente quand c'est le gouvernement qui dirige et gère le projet? Dans nos pays, les décisions gouvernementales sont tellement influencées par les intérêts privés que finalement ça revient au même.

Smith Effectivement. Il paraît qu'en Belgique, le réseau d'autoroutes a sérieusement perturbé l'écologie de certaines régions et la rentabilité de l'agriculture.

Dupont Et pourtant, on continue à en construire.

Smith Probablement parce les entrepreneurs doivent amortir leur matériel et font pression sur le gouvernement.

Dupont En France, le Ministère des Travaux Publics a pris l'habitude de faire une étude d'impact avant de décider le tracé d'une nouvelle autoroute.

Smith En quoi consiste cette étude d'impact?

Dupont Elle consiste à étudier les conséquences économiques et écologiques de l'ouvrage sur la région traversée par l'autoroute.

Smith Voilà quelque chose d'intéressant. Mais que dirais-tu d'aller discuter de ça en mangeant un morceau. Il est déjà midi et je

meurs de faim.
Dupont D'accord, allons-y.

Entretien avec un client

Durand, Directeur de l'Equipement d'un département français, reçoit A. Smith, représentant d'un bureau d'études à qui il a confié une étude de route. Smith se montre audacieux en abordant directement ses problèmes de paiement, mais Durand accueille favorablement ses exigences—probablement parce qu'il a lui aussi une faveur à lui demander. En effet, après une brève discussion technique Durand introduit une demande de réduction des délais de l'étude, que Smith négocie habilement.

Remarquez les différences entre les tournures employées entre les mêmes personnes d'une part dans une lettre et d'autre part dans une conversation. Notez aussi que le style d'un entretien avec un client est plus réservé que celui d'une conversation entre collègues ou amis.

si vous voulez bien
Monsieur le Directeur / Monsieur Smith
je voudrais obtenir votre accord
je ne crois pas qu'il soit utile de...
je souhaite que / je voudrais que...

En général, on notera que certains fonctionnaires attachent beaucoup d'importance au respect des titres et des formes dans les entretiens et les échanges de lettres. Il faut donc être prudent dans un premier contact. Avec un client ou un supérieur on emploiera généralement la forme 'Monsieur X, vous...'. Le 'Albert, tu...' est réservé aux amis ou aux collègues familiers. Entre ces deux extrêmes, on peut proposer la progression suivante.

Albert, je te félicite	entre vieux amis ou collègues
Mon cher Albert, je te félicite Dupont, je te félicite Mon cher Dupont, je te félicite	entre collègues
Dupont, je vous félicite Mon cher Dupont, je vous félicite	de supérieur à inférieur
Monsieur Dupont, puis-je vous féliciter Monsieur le Directeur, je vous félicite	d'inférieur à supèrieur

Smith Monsieur Durand, bonjour.

Durand Mademoiselle, apportez-moi le dossier de l'élargissement de la D7. Bonjour monsieur Smith. Asseyez-vous. Si vous le voulez bien, nous allons commencer tout de suite parce que je suis très occupé ce matin. Quels sont les problèmes?

Smith Il y a d'abord la question de notre avance forfaitaire, que nous n'avons toujours pas reçue.

Durand Pourtant j'ai signé le virement il y a plus de dix jours. Attendez, je vais interroger notre service comptabilité.

...

Durand Allo, ici le Directeur de l'Equipement pour un problème concernant l'opération 284-H-218. Pourquoi le bureau d'études n'a-t-il pas reçu son avance forfaitaire?

...

Durand Bien. Merci.

Smith Alors?

Durand Il y a effectivement un retard. Mais votre banque a été créditée hier, donc ça ne devrait plus tarder.

Smith Bien, voilà une bonne nouvelle. Nous pouvons passer à des problèmes plus techniques. Je voudrais notamment obtenir votre accord sur les hypothèses que nous pensons retenir.

Durand Je voudrais en tous cas qu'on reprenne les hypothèses adoptées pour l'élargissement des autres tronçons de la D7, c'est-à-dire, si je me souviens bien: tonnage, 15 tonnes; vitesse maximale, 100 km/heure; largeur des voies, 2 m.

Smith Je ne crois pas qu'il soit utile de faire une étude générale de trafic puisque l'administration a déjà opté pour une route à deux bandes.

Durand Pour la route proprement dite, d'accord. Mais je souhaite que vous étudiez les pointes de circulation à chaque carrefour et qu'on prévoie une ou même plusieurs bandes supplémentaires à l'approche des carrefours les plus fréquentés.

Smith C'est bien notre intention, effectivement.

Durand Parfait, alors je vois que je peux vous faire confiance. Maintenant, à moi de vous poser une question.

Smith Je vous écoute.

Durand Comme vous le savez, Monsieur Smith, nous avions prévu de vous commander cette étude en janvier, pour commencer les travaux en avril de l'année prochaine. Malheureusement, nous voilà en avril et vous allez seulement commencer l'étude. Alors la question est la suivante: est-ce que vous pourriez réduire vos délais et lancer l'appel d'offres en décembre de cette année?

Smith Hum, hum... Ecoutez, M. le Directeur, ça ne me semble pas impossible. Mais ça veut dire que je dois engager du personnel sans savoir si je pourrai l'occuper pas la suite, et vous savez...

Durand Nous pourrons arranger ça. Il y a encore plusieurs études de routes à attribuer et nous penserons à vous si vous pouvez faire un effort sur la D7.

Smith Alors, c'est entendu. Vous aurez les dossiers pour la fin de l'année.

Durand C'est bien. Je vous remercie de votre compréhension. En tous cas, si vous avez le moindre problème, n'hésitez pas à me consulter personnellement. Entre nous, je vous dirai que monsieur le Préfet tient beaucoup à inaugurer la D7 avant les prochaines élections.

Smith Oui, je comprends bien. Mais vous pouvez nous faire confiance, ne vous inquiétez pas.

Durand Alors merci encore Monsieur Smith, et bon travail!

Smith Merci, au revoir monsieur.

CORRESPONDANCES

Lettre d'un bureau d'études à un client

A. Smith s'adresse à un nouveau client, qu'il n'a pas encore rencontré personnellement. Il doit donc être poli et même un peu distant. Voyez en particulier le premier paragraphe (remerciements) et le dernier (formule de politesse):

Monsieur le Directeur
Nous vous prions d'agréer ... notre considération distinguée

La formule de politesse est une particularité de la correspondance française. Elle ne contient aucune information importante et le plus souvent le lecteur ne la lit même pas. Cependant, une lettre sans formule de politesse serait un peu comme un âne sans queue et pourrait embarasser

BUREAU D'ETUDES SMITH

Société Anonyme

DIRECTION DE L'EQUIPEMENT
6 Rue Victor Hugo
Nîmes

Epigny-sur-Veloy,
le 23 mars 1981

Monsieur le Directeur,

CONCERNE : PROJET 284-4-218

Nous vous remercions vivement d'avoir retenu notre société pour l'étude de la rectification et de l'élargissement de la route D7 entre Trovy-du-Gard et La Vilette. Soyez assuré, Monsieur le Directeur, que nous apporterons tous nos soins à ce travail.

Dans l'immédiat, nous proposons qu'une réunion de travail soit organisée en vue de définir les critères d'étude, et en particulier :
vitesse et tonnage autorisés, volumes et pointes de trafic, largeur des voies, aménagement des carrefours.

Nous comptons que entretemps vous aurez eu l'occasion de nous verser l'avance forfaitaire prévue au marché.

Restant à votre disposition, nous vous prions d'agréer, Monsieur le Directeur, l'expression de notre considération très distinguée.

A. Smith, Directeur

une personne un peu conventionnelle.

Mais A. Smith veut aussi, au démarrage d'un nouveau contrat, montrer sa détermination au client. Ainsi, les troisième et quatrième paragraphes sont brefs et décidés:

Dans l'immédiat nous proposons...
Nous comptons que...

EXERCICES

Exercice 1. Compréhension des textes

Complétez le texte ci-après en utilisant les mots de la liste suivante. marché — carrefours — profil — circulation — forfaitaire — impact — délais — critères — appel d'offres — vitesse — écologiques — considération — bureau — projet — sécurité — caractéristiques — bandes — trafic.

Parmi les ...(1)... pris en ...(2)... pour l'étude d'un ...(3)... routier, on citera: le volume de ...(4)..., la ...(5)... maximale autorisée, les conditions de sécurité. Une route départementale à deux bandes de ...(6)... offre une ...(7)... moindre qu'une autoroute. Le ...(8)... en travers type définit les principales ...(9)... d'une route. Le montant de l'avance ...(10)... est prévu sur le ...(11)... passé entre l'administration et le ...(12)... d'études. Les ...(13)... les plus fréquentés seront équipés de ...(14)... supplémentaires. Si vous pouvez réduire les ...(15)... d'études, nous lancerons l' ...(16)... en décembre. L'étude d' ...(17)... analyse les incidences économiques et ...(18)... du projet.

Exercice 2. Grammaire — emploi de 'on'

En français, et particulièrement dans la conversation, on utilise plus volontiers le 'on' que la forme passive. Au lieu de dire 'les techniques sont utilisées', on dira 'on utilise les techniques'. Relevez tout d'abord les utilisations de on dans les textes. Ensuite, remplacez les phrases passives ci-après par des phrases avec 'on'.

1. Les techniques de construction des chaussées sont largement utilisées.
2. L'aspect écologique est pris en considération.
3. La largeur des voies est déterminée en fonction du degré de sécurité.
4. Les autoroutes sont aménagées pour offrir une sécurité maximale.
5. Un système de vignette sera adopté sur les autoroutes belges.

6. Les péages devraient être supprimés.
7. Le financement sera confié à la société concessionnaire.

Exercice 3. Expressions

Remarquez comment les expressions suivantes sont utilisées dans les textes et fabriquez une autre phrase utilisant chacune d'elles.

Exemple: 'une large gamme de' — Ce bureau d'études est spécialisé dans une large gamme de disciplines.

1. prendre en considération
2. varier d'un . . . à l'autre
3. assurer la sécurité des utilisateurs
4. soumettre au régime de
5. adopter un système
6. finalement, ça revient au même
7. apporter tout son soin
8. obtenir l'accord sur

Exercice 4. Discussion technique

Le schéma à la page 133 représente le profil en travers-type d'une route nationale. Considérez, l'un après l'autre, les différents aspects de ce profil, et notamment: la fondation — le revêtement — les accotements — le système de drainage — le système d'éclairage — les éléments de sécurité

Pour chacun de ces aspects

1. décrivez-le en détail de telle manière qu'un auditeur puisse le reconstituer sans voir le profil.
2. discutez ses avantages et ses inconvénients techniques.
3. proposez d'autres dispositions possibles.

Exercice 5. Composition d'une lettre.

Vous êtes Directeur de l'Equipement et vous recevez de M. Smith, ingénieur-conseil, la lettre figurant à la page 126. Composez une lettre répondant à chacune de ses questions.

GLOSSAIRE

Chaussée

On notera que le mot 'chaussée' peut avoir deux significations. Il désigne d'abord la surface de la route aménagée pour la circulation, par opposition à accotement ou terre plein ou bande d'arrêt. Il désigne aussi l'ensemble des couches de matériaux qui constituent la route (corps de chaussée).

Critères d'étude (*m*)	*Design criteria*	*Entwurfskriterien*
tonnage maximum (*m*)	maximum load	Höchstladung
vitesse maximale (*f*)	maximum speed	Höchstgeschwindigkeit
pente maximale (*f*)	maximum gradient	Höchstgefälle
visibilité (*f*)	visibility	Sichtbarkeit
écologie locale (*f*)	local ecology	örtliche Ökologie
étude d'impact (*f*)	impact study, environmental study	Aufschlagsuntersuchung
trafic (*m*)	traffic	Verkehr

Eléments du tracé (*m*)	*Features of road construction*	*Begriffe im Straßenbau*
courbe (*f*)	bend	Kurve
rayon de courbure (*m*)	radius of curvature	Krümmungsradius
raccordement (*m*)	link, transition	Verbindung, Übergang
bande (*f*), voie de circulation (*f*)	traffic lane	Fahrspur, Fahrstreifen
carrefour (*m*)	crossroads	Kreuzung
aire de stationnement (*f*)	parking area	Parkplatz
aire récréative (*f*)	recreation area	Rastplatz
aire de services (*f*)	services area	Raststelle

Eléments du profil en long (*m*)	*Longitudinal profile features*	*Längsschnittelemente*
profil circulaire (*m*)	camber	Straßenwölbung
courbure (*f*)	curvature	Krümmung
sommet (*m*)	crown	Krone
raccordement vertical (*m*)	vertical transition curve	Ausrundung
point d'inflexion (*m*)	change of gradient	Wechselpunkt
joint de dilatation (*m*)	expansion joint	Dehnungsfuge
joint de reprise (*m*)	construction joint	Arbeitsfuge
joint de retrait (*m*)	contraction joint	Schwundfuge
pente longitudinale (*f*), rampe (*f*)	longitudinal gradient	Längsgefälle

Eléments du profil en travers (*m*)	*Cross-section features*	*Querschnittelemente*
bordure (*f*)	kerb	Brodstein
trottoir (*m*)	pavement, footpath	Gehweg, Gehsteig

caniveau (*m*), rigole (*f*)	channel, gutter	Rinne
chaussée (*f*)	road, roadway, carriage-way,	Straße, Fahrbahn
avaloir (*m*)	gully	Gosse
sous-couche anti-capillaire (*f*)	anti-capillary layer	Abdichtungsschicht gegen Kapilärwasser
sous-couche anti-contaminante (*f*)	anti-contaminant layer	Abdichtungsschicht gegen Kontamination
sous-couche anti-gel (*f*)	frost-proof layer	Frostschutzschicht
Produits pétroliers	*Petroleum oil products*	*Rohölsprodukte*
goudron (*m*)	tar	Teer
bitume (*m*)	bitumen	Bitumen
asphalte (*m*)	asphalt	Asphalt
pétrole brut (*m*)	crude oil	Rohöl
pétrole lampant (*m*)	paraffin, kerosene	Kerosin
essence (pour voitures) (*f*)	petrol	Benzin
mazout (diesel et chauffage) (*m*)	diesel oil, heating oil	Dieselöl, Heizöl
Types de routes (*m*)	*Road types*	*Straßekategorien*
réseau routier (*m*)	road network	Straßennetz
autoroute (*f*)	motorway	Autobahn
contournement d'un ville (*m*)	town by-pass	Umgehungsstraße
périphérique (*m*)	circular road	Ringstraße
liaison routière (*f*)	road connexion	Straßenverbindung
chaussée (*f*)	road, roadway, carriage-way	Straße, Fahrbahn
bande latérale (*f*)	shoulder	Randstreifen
terre-plein central (*m*)	central reservation	Schutzinsel
passage inférieur (*m*)	underpass	Unterführung
Financement des projets routiers (*m*)	*Financing of road projects*	*Finanzierung von Straßenprojekten*
péage (*m*)	toll	Mautgebühr
société concessionnaire (*f*)	society holding a concession, grantee	Konzessionsfirme
réalisation du projet (*f*)	project implementation	Projektdurchführung
gestion du projet (*f*)	project management	Projektleitung
financement (*m*)	financing	Finanzierung
capital (*m*)	capital	Kapital
actionnaire (*m-f*)	shareholder	Aktionär

dividende (*m*)	dividend	Dividende
rembourser l'emprunt (*m*)	to repay the loan	Darlehen zurückzahlen
amortissement (*m*)	redemption, amortisation	Amortisation
bénéfice (*m*)	profit	Gewinn, Profit

Les fondations de routes (*f*)	*Road foundations*	*Straßenfundament*
stabilisation du sous-sol (*f*)	subsoil stabilization	Untergrundverfestigung
produit stabilisant (*m*)	stabilizer	Verfestigungsmittel
engin stabilisateur (*m*)	soil stabilizing machine	Bodenvermörtelungsmaschine
couche de fondation (*f*)	sub-base	untere Tragschicht
pierraille compactée (*f*)	compacted hardcore	verdichtete Schüttung aus Grobmaterial
poches d'argile (*f*)	clay pockets	Lohmzonen
tapis bitumineux (*m*)	flexible carpet	bituminöser Teppichbelag

Engins de la construction routière (*m*)	*Road construction plant*	*Straßenbaumaschinen*
engins de terrassement (*m*)	earth-moving plant	Erdbaumaschine
pelle hydraulique (*f*)	hydraulic excavator	Hydraulikbagger
décapeuse (*m*), scraper (*m*)	scraper	Schrapper, Schürfkübelwagen
bouteur (*m*), bulldozzer (*m*)	bulldozer, dozer	Flachbagger
tracteur (*m*)	tractor	Traktor
chargeur (*m*), loader (*m*)	loader	Lader
camion (*m*)	lorry, truck	Lastwagen
remorque (*f*)	trailer	Anhänger
grue (*f*)	crane	Kran
niveleuse (*f*)	skimmer, grader	Planiermaschine
bouteur biais (*m*), angledozer	angledozer	Seitenräumer
rouleau compresseur (*m*)	road roller	Straßenwalze
compresseur d'air (*m*)	air compressor	Kompressor
marteau piqueur (*m*)	pneumatic hammer	Preßlufthammer
groupe d'enrobage (*m*)	bituminous mixing plant	Teermaschine

épandeuse (*f*)	laying plant, paver	Deckenfertiger
défonceuse (*f*)	rooter	Abteufer
scarificateur (*m*)	scarifier	Aufreisser
tombereau (*m*), dumper (*m*)	dumper	Kippwagen
trancheure (*f*), ditcher	ditcher	Ditcher
— sur preus	wheeled	mit Rädern
— sur cherilles	caterpillar —, tracked	— mit Rädern

Le profil en travers d'une route à deux voies

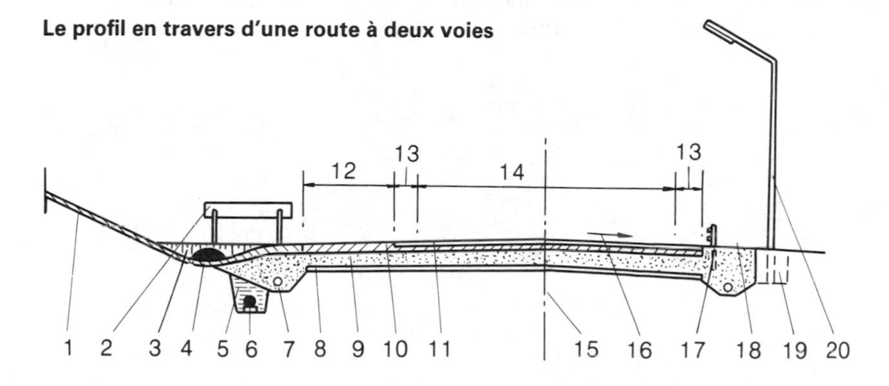

Profil en travers d'une route à deux voies (*m*)	*Cross-section through a two-lane road*	*Querschnitt durch eine zweispurige Straße*
1. talus herbacé (*m*)	grassed slope	Grasböschung
2. panneau indicateur (*m*)	sign board	Verkehrsschild
3. ponceau (*m*)	culvert	Durchlaß
4. fossé herbacé (*m*)	grassed ditch	grasiger Graben
5. sable compacté (*m*)	compacted sand	verdichteter Sand
6. collecteur eaux pluviales (*m*)	stormwater drain	Regenwasserleitung
7. tuyau de drainage perforé (*m*)	perforated drain pipe	gelochtes Dränrohr
8. couche filtrante (*f*)	filter layer	Filterschicht
9. couche antigel (*f*)	frostproof layer	Frostschutzschicht
10. couche (*f*) de base	substructure	Unterbau
11. revêtement (*m*)	surfacing	Decke, Fahrdecke
12. bande d'arrêt (*f*)	deceleration lane	Standspur
13. marquage latéral (*m*)	edge marking	Leitstreifen
14. voie de circulation (*f*) chaussée (*f*)	traffic lane, carriageway	Fahrspur, Fahrstreifen

15.	axe de la chaussée (*m*)	road axis, centreline	Bezugsachse
16.	dévers (*m*), pente transversale (*f*)	crossfall	Quergefälle
17.	glissière de sécurité (*f*)	crash barrier	Leitplanke
18.	accotement (*m*)	verge	Bankett
19.	bloc de fondation (*m*)	foundation block	Fundamentblock
20.	lampadaire (*m*), réverbère (*m*)	lamp standard, street lamp	Lampenmast

Annexe 1: Solution des exercices

LECON 1: LES CARTES TOPOGRAPHIQUES

Vocabulaire technique

Exercice de compréhension (1)

(1) pont (2) déblai (3) équidistance (4) courbes de niveau (5) altitude (6) pente (7) marécage, marais (8) rivière ou cours d'eau, (9) peupliers (10) conifères (11) route nationale, RN (12) simple voie (13) route départementale, départementale

Exercice de compréhension (2)

(1) route départementale, départementale (2) carte (3) pente (4) parcelles (5) clôtures (6) conifères (7) remblai (8) carrefour (9) à niveau (10) au-dessus (11) altitudes (12) à partir

Exercices

Exercice 1. Vocabulaire et compréhension

(1) vingt cinq millième (2) route départementale (3) altitude (4) dirigeons (5) chemin de fer (6) carrefour (7) déblai (8) nous dirigeons (9) ruisseau (10) chemin (11) gué (12) vignobles (13) déblai
Le point d'arrivée est le carrefour sur la D 35, juste au nord du pont sur le ruisseau de Crieulon.

Exercice 2. Les prépositions de lieu

(1) de (2) vers (3) à (4) le long (5) au sud (6) dans (7) à (8) le long (9) sur (10) du (11) à (12) à droite (13) par (14) par

LECON 2: LES PROJETS DE DEVELOPPEMENT

Vocabulaire technique

Les opérateurs

1.(*b*) 2.(*a*) 3.(*c*) 4.(*a*)

Les phases de développement des projets

1. faux 2. vrai 3. vrai 4. faux 5. vrai

Les phases des projets vues par les organismes de financement

1. Pour les organismes de financement, la gestion d'un projet commence par l'identification du projet, se poursuit par la supervision des études et se termine par le contrôle de l'exploitation.
2. Les ingénieurs-conseils abordent les différentes phases d'un projet dans l'ordre suivant: d'abord, étude de pré-investissement, ensuite étude de faisibilité, enfin, supervision des travaux.
3. Pour le maître d'ouvrage, la réalisation d'un projet comporte d'abord les études, ensuite la réalisation des travaux, enfin l'exploitation.

Les phases des projets vues par les ingénieurs

1.(*b*) 2.(*c*) 3.(*b*) 4.(*a*)

Exercices

Exercice 1. Compréhension des textes

1. C'est au cours de la phase d'*études préliminaires* que le bureau d'études recueille les données utiles pour la suite des études.
2. C'est au cours de la phase de *projet* que le bureau d'études établit les plans et les spécifications.
3. C'est au cours du *suivi des travaux* que le bureau d'études vérifie si les travaux sont conformes aux plans.
4. C'est au cours du *projet d'exécution* que le bureau d'études établit les plans détaillés des ouvrages.
5. C'est au cours de l'*étude de faisibilité* que le bureau d'études analyse la rentabilité économique du projet.

Exercice 2(a). Construction des mots et des phrases

1.(*d*) 2.(*c*) 3.(*e*) 4.(*a*) 5.(*b*)

Exercice 2(b). Construction des mots et des phrases

Le bureau d'études prend en charge l'établissement des dossiers d'appel d'offres.

L'établissement des dossiers d'appel d'offres est pris en charge par le bureau d'études.

La responsabilité de l'établissement des dossiers d'appel d'offres incombe au bureau d'études.

Exercice 3. Conversation téléphonique

1. *Stand.* Ne quittez pas, je vous le passe.

2. *Bedon* Lui-même. A qui ai-je l'honneur?
3. *Bedon* Certainement, monsieur. J'ai plusieurs projets en cours d'étude et de construction mais je pourrais m'occuper de vous.
4. *Bedon* En principe, je préfère suivre un projet de A à Z, c'est-à-dire depuis l'avant-projet jusqu'à la réception des travaux. Mais bien entendu, tout dépend de votre problème particulier.
5. *Bedon* Bien sûr, bien sûr.
6. *Bedon* Oh, vous savez, ça c'est très simple: je suis tenu de suivre le barème de l'ordre des architectes. Je vous en donnerai un exemplaire.
7. *Bedon* Certainement. Si vous n'y voyez pas d'inconvénient, je préfèrerais vous recevoir chez moi, ça vous permettra de voir mon style d'architecture et nous pourrons discuter plus à l'aise. Je vous propose samedi matin, ça vous va?
8. *Bedon* A bientôt. Et merci d'avoir pensé à moi.

LECON 3: LE BETON

Vocabulaire technique

Les différents types de béton

1. faux 2. vrai 3. faux 4. faux 5. vrai

La manipulation du béton

1. chantier 2. livré 3. malaxeurs 4. benne 5. durcissement 6. béton 7. pompes 8. transport

Les bétons armés et précontraints

1. béton armé 2. coffrage 3. aiguille vibrante 4. béton précontraint 5. grille d'armature

Ferraillage et coffrage d'une semelle

3. béton 4. béton armé 6. armature 8. coffrage

Ferraillage d'une poutre

2. armature, barre 4. barre, armature

Exercices

Exercice 1. Compréhension des textes

1. faux 2. faux 3. vrai 4. faux 5. faux 6. vrai 7. faux 8. vrai 9. faux 10. vrai

Exercice 2. Prépositions

1. à 2. à – en 3. dans – à 4. sur – en 5. à 6. à 7. en 8. à 9. en 10. sur – en

LECON 4: HYDRAULIQUE URBAINE

Vocabulaire technique

L'alimentation en eau potable

(1) forages (2) station de reprise (3) réservoirs (4) adduction (5) réseau (6) distribution (7) adduction (8) distribution (9) réservoirs

Les réservoirs

1. vrai 2. faux 3. faux 4. faux 5. faux

Assainissement urbain

1. branchement particulier 2. réseau séparatif 3. assainissement 4. station d'épuration 5. réseau unitaire

Les stations d'épuration

1. (*b*) 2. (*a*) 3. (*c*) 4. (*a*)

Canalisations

(1) grès (2) fonte (3) recouvrement (4) conduites, canalisations (5) amiante-ciment (6) acier (7) conduites, canalisations (8) cathodique (9) rugosité (10) du PVC, de l'amiante-ciment

Exercices

Exercice 1. Compréhension des textes.

1. Le béton (armé ou précontraint), l'amiante-ciment, le grès (pour les eaux très corrosives), le PVC (pour les petits diamètres).
2. Les tubes en acier sont légers et faciles à manipuler. Leur rapport poids/pression admissible est très intéressant.
3. Le PVC
4. Quand le matériau choisi pour la conduite ne résiste pas à l'effet corrosif du fluide transporté.

5. Le réseau séparatif est un réseau dans lequel les eaux usées sont acheminées vers la station d'épuration tandis que les eaux pluviales sont directement évacuées vers l'émissaire.
   Dans un réseau unitaire les eaux de pluie et les eaux usées sont évacuées par le même réseau.
6. Dans un réseau maillé, les conduites sont interconnectées et forment des boucles.
   Un réseau ramifié ne comporte pas de bouclage et l'eau ne peut arriver à un point que par un seul itinéraire.
7. Non, ce n'est pas indispensable.
9. On peut citer les facteurs suivants

composition des eaux usées à l'entrée de la station
pouvoir auto-épurateur du milieu recevant les effluents
normes de qualité en vigueur pour le milieu récepteur
coût de l'énergie
possibilités de réutilisation des effluents et de récupération des boues
superficie disponible
conditions climatiques.

Exercice 2 (a) Construction des phrases

1. Jusqu'à ces dernières années, les *villes* étaient *alimentées* principalement à partir de *forages*, maintenant on fait appel de plus en plus aux *prises en rivière*.
2. Anciennement, les *réservoirs* de ce village étaient *alimentés* par une *conduite gravitaire*, mais actuellement on utilise une *conduite de refoulement* à partir d'un nouveau forage.
3. Alors qu'anciennement, on avait l'habitude de *rejeter directement* les *eaux usées* dans les *émissaires*, actuellement on ne le fait plus qu'*après épuration*.
4. Des *villes* qui étaient *alimentées dirèctement en eau potable* jusqu'à ces dernières années, ne le sont plus maintenant qu'*après traitement*.

Exercice 2 (b) Construction des phrases

1. Un réseau d'adduction comprend, de l'amont vers l'aval, d'abord le forage, ensuite la station de pompage, enfin la conduite de refoulement.
2. Un réseau d'alimentation en eau comprend, de l'amont vers l'aval, d'abord la mobilisation de la ressource, ensuite l'adduction, enfin la

distribution.

3. Un réseau d'alimentation en eau comprend, de l'amont vers l'aval, d'abord la prise en rivière, ensuite la station de traitement, enfin la distribution.
4. Un réseau eaux usées comprend, de l'amont vers l'aval, d'abord les collecteurs, ensuite la station d'épuration, enfin le rejet à l'émissaire.
5. Un réseau eaux pluviales comprend, de l'amont vers l'aval, d'abord les rigoles, ensuite les avaloirs, enfin les collecteurs.

LECON 5: HYDRAULIQUE AGRICOLE

Vocabulaire technique

Les techniques de l'hydraulique agricole

(1) assainissement (2) drainage (3) humidité (4) pluie (5) ruissellement (6) extérieurs (7) eaux (8) réduire (9) en dehors (10) objet

Les systèmes d'irrigation

1. vrai 2. faux 3. faux 4. vrai 5. vrai 6. faux 7. faux

Les spécialistes

1. pédologue 2. économiste, agro-économiste 3. topographe 4. sociologue 5. ingénieur hydraulicien, ingénieur du génie rural

Exercices

Exercice 1. Construction des phrases

1. L'ingénieur-conseil doit *résoudre le problème* posé par le client.
   Les crues irrégulières du fleuve *posent un* grand *problème* aux agriculteurs.
   L'objectif de l'étude est de *maîtriser le problème* des crues du fleuve.
2. Des canaux *à ciel ouvert* forment la plus grande partie du réseau d'assainissement de la région.
3. L'irrigation par aspersion *consiste à* distribuer l'eau sous pression et à la répartir sous forme de pluie à partir d'asperseurs.
4. *En dehors des* considérations d'ordre technique, il faut tenir compte aussi des considérations d'ordre socio-culturel.
5. Ce problème *fera l'objet de* notre prochaine réunion.

6. Les données climatiques *déterminent* le choix du système d'irrigation utilisé.
7. Le système adopté *est à la portée de* la plupart des agriculteurs.
8. Il faut *avoir les deux pieds sur terre* et choisir des moyens mieux adaptés aux utilisateurs.

Exercice 2. Usage des prépositions

(1) en (2) d' (3) par (4) à (5) à (6) à (7) en (8) en (9) à (10) en (11) par (12) des

LECON 6: LES BARRAGES

Vocabulaire technique

Fonctions des barrages

(1) objectifs (2) barrage (3) irrigation (4) retenue (5) saison (6) crues (7) pluies (8) dénivellation (9) aval (10) créer, aménager (11) hydroélectrique (12) énergie (13) création d'un lac artificiel (14) nautiques

Les types de barrages

(1) matériaux (2) terre (3) barrages (4) enrochements (5) matériaux argileux (6) sable (7) graviers

Les barrages en terre

(1) masque (2) argileux (3) plusieurs (4) noyau

Les barrages en béton

(1) poids (2) eau (3) poussée (4) sol

Exercices

Exercice 1. Compréhension des textes

1. Un barrage-voûte est un ouvrage en béton armé, généralement d'une hauteur importante et implanté dans une gorge étroite.
   Par contre, une retenue collinaire est souvent un ouvrage modeste, réalisé en terre ou en enrochements, dans un site plus ouvert.
2. Le principe de stabilité et le mode de réalisation de ces deux types de barrages sont sensiblement les mêmes. La différence réside surtout dans les matériaux utilisés: les enrochements sont un matériau perméable, l'argile est un matériau relativement imperméable.

3. Alors qu'en français, 'barrage' est un terme général désignant tout ouvrage de retenue d'eau, le 'barrage' anglais est un ouvrage de faible hauteur, servant généralement à barrer une rivière pour établir une prise d'eau.
4. Le 'Damm' allemand est plutôt un barrage en terre, tandis que le 'dam' anglais peut être en n'importe quel matériau.
5. Les conditions topographiques sont celles qui se rapportent au relief. Les conditions géologiques concernent la nature du sol de fondation.
6. Alors que les techniques dures consistent à employer des grands moyens, sans accorder beaucoup d'importance à leurs incidences sur l'environnement, l'emploi de techniques douces tend à atteindre les mêmes résultats avec des moyens plus modestes et plus de respect pour l'environnement.

Exercice 2. Emploi des expressions

1. On peut *classer* les barrages *en plusieurs catégories*, en fonction de leurs caractéristiques.
2. Il faut *distinguer* le barrage de la retenue collinaire.
3. Les matériaux utilisés dans la construction d'un barrage sont *différents d'un cas à l'autre*.
4. Les conditions géologiques *jouent un rôle* important dans le choix du site d'implantation d'un barrage.
5. L'ingénieur-conseil doit *tenir compte du critère* de rentabilité de son projet.
6. Dans la construction d'un barrage, il faut prendre en considération les forces horizontales *d'une part*, et les forces verticales *d'autre part*.

LECON 7: LES ROUTES

Vocabulaire et informations techniques

Le profil en travers

1. chaussée 2. emprise 3. accotement 4. caniveau, rigole

La composition des chaussées

(1) surface (2) base (3) fondation (4) fondation (5) terrain naturel (6) sous-couches (7) base

Les engins de terrassement
1. Bouteur, bouldozeur, bulldozer 2. Chargeur, loader 3. Trancheuse, ditcher 4. Tombereau, dumper 5. Niveleuse, grader

Exercices

Exercice 1. Compréhension des textes
(1) critères (2) considération (3) projet (4) trafic (5) vitesse (6) circulation (7) sécurité (8) profil (9) caractéristiques (10) forfaitaire (11) marché (12) bureau (13) carrefours (14) bandes (15) délais (16) appel d'offres (17) d'impact (18) écologiques

Exercice 2. Emploi de 'on'
1. On utilise largement les techniques de construction des chaussées.
2. On prend en considération l'aspect écologique.
3. On détermine la largeur des voies en fonction du degré de sécurité.
4. On aménage les autoroutes pour offrir une sécurité maximale.
5. On adoptera un système de vignette sur les autoroutes belges.
6. On devrait supprimer les péages.
7. On confiera le financement à la société concessionnaire.

Exercice 3. Expressions
1. Les incidences écologiques des projets routiers devraient être *prises en considération*.
2. Les techniques de la construction routière *varient* peu *d'un* pays *à l'autre*.
3. Les glissières centrales contribuent à *assurer la sécurité des utilisateurs* des autoroutes.
4. Les étrangers sont *soumis au régime* du péage comme les Français.
5. L'entrepreneur *a adopté un* nouveau *système* de construction, qui consiste à placer sous la couche d'usure, une couche de béton souple.
6. Mais *finalement, ça revient au même*: le prix total ne change pas.
7. Avec les revêtements en béton, on doit apporter *tout son soin* à la réalisation des joints.
8. J'ai *obtenu l'accord* de mon client *sur* les agrégats que j'ai proposés.

Exercice 5. Composition d'une lettre

Monsieur

La désignation de votre société n'ayant pas encore été ratifiée par Monsieur le Préfet, toute discussion technique serait prématurée. Nous vous convoquerons ultérieurement, s'il y a lieu.

En ce qui concerne l'avance forfaitaire, la procédure normale sera appliquée en temps voulu, sous réserve de confirmation de votre désignation.

Veuillez agréer, Monsieur, nos salutations distinguées.

Annexe 2: Annexes de leçons

LECON 1: INFORMATIONS

L'Institut Géographique National (France) – IGN

L'IGN est un organisme parastatal dont la mission est de réaliser et de distribuer des travaux topographiques et cartographiques, en France et à l'étranger. Nous citerons ses principaux services spécialisés et les travaux dont ils s'occupent.

Services	*Travaux*
Géodésie	réseaux géodésiques réseaux de nivellement
Photographie aérienne	photos aériennes à échelles diverses à axe vertical ou oblique noir et blanc ou panchromatique, infra-rouge ou sur émulsion surveillance de pollutions thermographie
Cartographie	couvertures de la France à diverses échelles cartes touristiques cartes en relief cartes thématiques
Informatique et géographie	cartographie numérique et thématique banque de données géographiques orthophotographie, photo-cartographie
Documentation	catalogues de coordonnées géodésiques catalogues d'altitudes de points de

(*Services*)	(*Travaux*)
	nivellement photothèque de clichés aériens cartothèque couvrant le monde entier
Cartographie numérique	aérocheminements canevas et semis de points restitution photogramétrique cartographie à grande échelle
Télédétection	
Métrologie	
Recherche	

Adresse IGN
Direction générale
136 bis, rue de Grenelle
75700 Paris
Tél.: (1) 550–34–95
Télex:
IGN GNL 204 989 F

L'Institut Géographique National (Belgique) – IGN

L'IGN-Belgique est un organisme d'intérêt public, sous tutelle du Ministère de la Défense, dont la mission principale est d'établir et de publier les cartes officielles de la Belgique. Il peut exécuter des travaux pour des tiers. Dans le passé, il a effectué des travaux dans les colonies belges d'Afrique centrale: Congo, Burundi et Rwanda. Il a également participé aux expéditions scientifiques belges dans L'Antarctique. Cependant, les travaux à l'étranger restent exceptionnels.

L'IGN-Belgique comprend les départements suivants.

Département	*Travaux*
Direction générale	
Administration des affaires administratives	affaires administratives affaires financières affaires juridiques et sociales documentation et vente

(*Département*)	(*Travaux*)
Centre de Traitement de l'Information et de Calculs (CTIC)	calculs informatiques recherches en cartographie automatique
Direction de la géodésie	établissement et entretien des réseaux de triangulation (planimétrie) et de nivellement (altimétrie) gravimétrie
Direction de la photographie	couverture photographique aérienne travaux topographiques de terrain aérotriangulation, restitution, redressement
Direction de la cartographic	établissement et impression des cartes sur base des minutes réalisées par la Direction de la photographie

Adresse
Abbaye de la Cambre 13, 1050 Bruxelles

Le Service Topographique Fédéral (Suisse—S + T)

Le STF est également un organisme national dépendant du département militaire fédéral. Sa mission essentielle est d'établir et de publier les cartes du territoire suisse.

Adresse
Service Topographique Fédéral
Seftigenstraße 264
3084 Wabern BE
Tél.: (031) 54–13–31

LECON 3: BIBLIOGRAPHIE ET INFORMATIONS DE NORMES EN BETON

Bibliographie

Dans le domaine du béton armé, les ouvrages de quelques auteurs suffisent à faire le tour des problèmes.

Association Française pour la Formation des Adultes (AFFA) et Groupement professionnel paritaire pour la Formation Continue dans les industries du Bâtiment et des Travaux Publics (GFCBTP)
Initiation au vocabulaire du bâtiment et des travaux publics Eyrolles, Paris, 1979

Conseil International de la Langue Française (CILF)
Vocabulaire du béton, Eyrolles, Paris, 1976, 192 pages
Sélection de 800 termes utilisés dans la technologie du béton, avec une définition précise et une traduction en anglais et en allemand. Lexique avec entrées alphabétiques en anglais et en allemand.

P. Charon
Cet auteur a publié, chez Eyrolles, un ensemble d'ouvrages dont l'intérêt est d'aborder d'une manière cohérente la plupart des problèmes de dimensionnement du béton armé.
Le calcul et la vérification des ouvrages en béton armé (*théorie et applications*), 1979, 640 pages
Exercices de béton armé avec leurs solutions, 1979, 304 pages
Comment éviter les erreurs dans les études de béton armé, 1973, 250 pages

A. Paduart
Voiles minces en béton armé, Eyrolles, 1969, 168 pages
La calcul du béton armé suivant la théorie des états limites, éditeur: A. de Boeck, Avenue Louise 203, 1050 Bruxelles

Y. Guyon
Pour les problèmes de béton précontraint, on pourra se référer à cet auteur, qui est un des initiateurs de la technique.
Béton précontraint : étude théorique et expérimentale, 1958, 828 pages
Constructions en béton précontraint, 1968, 368 pages

A. Guerrin, C. Lavaur
Traité de béton armé, Dunod
Ouvrage volumineux et assez détaillé présentant l'ensemble des problèmes de calcul de béton armé dans leurs aspects théoriques, pratiques et expérimentaux. Les méthodes de calcul sont illustrées par

des exemples numériques. Bien qu'ils citent et utilisent souvent ce traité, les ingénieurs français n'approuvent pas toujours les méthodes de calcul qui y sont présentées.

Le traité comprend 11 tomes spécialisés.

Tome 1	*Généralités: mécanique expérimentale du béton armé*, 1973, quatrième édition.
Tome 2	*Le calcul du béton armé*, cinquième édition en préparation
Tome 3	*Les fondations*, 1980, cinquième édition.
Tome 4	*Ossatures d'immeubles et d'usines, planchers, escaliers, encorbellements, ouvrages divers du bâtiment*, 1971, quatrième édition.
Tome 5	*Toitures, voûtes, coupoles*, 1970, deuxième édition.
Tome 6	*Réservoirs, châteaux d'eau, piscines*, 1972, deuxième édition.
Tome 7	*Murs de soutènement et murs de quai*, 1976, deuxième édition.
Tome 8	*Ouvrages enterrés*, 1970 première édition.
Tomes 9 et *10*	*Ponts*, première édition en préparation
Tome 11	*Constructions diverses*, 1969, première édition.

DTU (Documents Techniques Unifiés)

Nous citerons ici quatre DTU qui sont très employés pour l'étude d'ouvrages en béton armé.

règles NV 65	règles définissant les effets de la neige et du vent sur les constructions
règles PS 69	règles parasismiques (calcul des sollicitations dues aux tremblements de terre)
règles CCBA 68	règles techniques de conception et de calcul des ouvrages et constructions en béton armé
règles BAEL 80	règles techniques de conception et de calcul des ouvrages et constructions en béton armé suivant la méthode des états limites

Les règles CCBA 68 ont été appliquées depuis leur parution en 1968 et restent applicables au calcul des nouveaux ouvrages jusqu'en 1983. Les règles BAEL 80 peuvent être utilisées depuis le 1er avril 1980. Ces DTU sont publiés chez Eyrolles.

Obtention des normes

En vertu d'un accord entre les associations nationales de normalisation des différents pays membres de l'ISO (organisation internationale de normalisation), les publications de tous ces organismes peuvent être consultées et obtenues auprès de chaque association nationale. Ainsi les normes belges, suisses, françaises, en vigueur dans les pays francophones peuvent être obtenues dans n'importe quel pays européen, en s'adressant directement au comité de normalisation de ce pays.

Il est également possible de souscrire un abonnement pour recevoir systématiquement, soit des revues d'information sur l'évolution des travaux de normalisation nationaux et internationaux, soit directement les nouvelles normes quand elles sont publiées.

Voici les adresses de quelques-uns des comités nationaux de normalisation.

Angleterre British Standards Institution,
consultation des normes, 2 Park Street London W1A 2BS
(01) 629.9000;
achat des normes, 101 Pentonville Road, London N1 9ND.

France AFNOR (Association Française de Normalisation), tour Europe, cedex 7, 92080 Paris La Défense
tél. (1) 778.13.26.
télex: AFNOR 61 1974 F.

Belgique Institut Belge de Normalisation (IBN), 29 avenue de la Brabançone, 1040 Bruxelles
tél. (02) 734.92.05
télex: BENOR 23877

Allemagne fédérale Deutsches Institut für Normung, 1000 Berlin 30, Postfach 1145, Burggrafenstraße 4–10.

Suisse Institut Suisse de Normalisation, Kiachinweg 4, Postfach 8032, Zurich.
télex: 54924 VSM.

Normes de calcul des ouvrages en béton

Bien que des comités internationaux de normalisation aient entamé depuis plusieurs années des travaux d'harmonisation des normes nationales, il n'existe encore aucune norme internationale qui soit d'application légale dans le domaine du béton. Nous donnerons simplement deux listes comparatives des normes en vigueur dans différents pays européens.

Objet: calcul des charges et des sollicitations sur un ouvrage

Belgique	NBN 460	Sollicitation du vent sur les structures
	NBN B03	Charges sur les structures
	NBN 001	Généralités
	NBN 102	Poids morts
	NBN 103	Surcharges d'exploitation
France	NF P06 001	Calcul des bâtiments. Poids morts et surcharges
	règles NV 65	Effets de la neige (N) et du vent (V) sur les structures
	règles PS69	Règles parasismiques
Suisse	SIA 160	Charges sur les bâtiments
		Démarrage et surveillance des chantiers de bâtiment
	SIA 160/2	Mesures pratiques pour la protection des bâtiments contre les secousses sismiques.

Objet: calcul et mise en oeuvre des ouvrages en béton

Belgique	NBN B15	Le calcul et la réalisation des ouvrages en béton armé, préfabriqué et précontraint
	NBN 101	Généralités
	NBN 102	Matériaux
	NBN 103	Dimensionnement
	NBN 104	Réalisation
France	régles CCBA 68 et BAEL 80	Règles pour le calcul et le dimensionnement des ouvrages en béton armé
	DTU 20	Règles applicables aux ouvrages en maçonnerie, en béton armé et en

		plâtre
	DTU 23	Règles applicables aux ouvrages en béton léger
Suisse	SIA 162	Normes applicables à l'étude et à la construction de structures en béton, en béton armé et en béton précontraint
	SIA 162/33	Bétons légers

Les normes françaises

Nous donnerons plus de détails sur les normes françaises parce qu'elles sont largement utilisées dans de nombreux pays, notamment la plupart des pays francophones d'Afrique. Il existe actuellement plus de 10 000 normes françaises et 1000 nouvelles normes entrent en application chaque année, tandis que d'autres sont annulées. Le répertoire de toutes ces normes est publié annuellement par l'Association Française de Normalisation (AFNOR) et peut être obtenu en s'adressant au département des publications.

Ces normes sont réparties en 21 classes, dont la classe P: *Bâtiment et génie civil*, qui comprend

environ 300 normes proprement dites

Il s'agit de documents établis par le Comité National de Normalisation, officiellement acceptés comme normes et ayant force de loi.

environ 100 DTU (Documents Techniques Unifiés)

Les DTU sont des documents établis par des associations professionnelles (en l'occurence le Centre Scientifique et Technique du Bâtiment) avec l'accord du Comité National de Normalisation et qui sont publiés avant d'avoir passé la procédure normale d'approbation des normes. Leur application est obligatoire pour les marchés publics, c'est-à-dire les contrats passés avec l'administration. Leur imposition éventuelle dans le cadre de contrats privés doit être spécifiée dans le contrat. D'une manière générale, ils constituent un code de bonne pratique de la profession.

36 documents établis ou recommandés par la Commission Centrale des Marchés et qui sont applicables aux marchés publics.

LECON 4: BIBLIOGRAPHIE, INFORMATIONS ET INFORMATION DE NORMES

Bibliographie sélective d'hydraulique urbaine

Hydraulique générale et appliquée
M. Carlier, Eyrolles, Paris 1972 (environ 600 pages).
Ouvrage très complet, particulièrement pour les aspects théoriques des problèmes d'hydraulique. Ne traite pas d'hydraulique urbaine mais d'hydraulique en général.

Hydraulique urbaine
A. Dupont, Eyrolles, Paris 1974.
Tome 1 *Captage et traitement des eaux*, 256 pages
Tome 2 *Ouvrages de transport, élévation et distribution des eaux* 472 pages
Tome 3 *Exercices et projets* 238 pages

Cet ouvrage très complet, dont la première édition remonte à 1969, est toujours considéré par beaucoup d'ingénieurs français comme la bible de l'hydraulique urbaine. Son auteur fait autorité dans ce domaine.

Hydraulique urbaine appliquée
P. Nonclerc, Cebedoc, Belgique.

Volume 1	Principes fondamentaux et compléments d'hydraulique, 1981
Volume 2	Le dimensionnement hydraulique des collecteurs d'eaux pluviales, 1981
Volume 3	Le dimensionnement statique des collecteurs de section circulaire, 1981
Volume 4	La construction des collecteurs urbains (en préparation)
Volume 5	La distribution d'eau dans les agglomérations (en préparation)
Volume 6	Les stations de pompage (en préparation)
Volume 7	Epuration des eaux usées (en préparation)
Volume 8	Aménagement des cours d'eau dans les agglomérations (en préparation)

Cet ouvrage donne une bonne idée des techniques d'hydraulique urbaine employées en Belgique. Son caractère essentiellement pratique est attesté par le fait que son auteur est professeur d'hydraulique urbaine dans une école d'ingénieurs techniciens et qu'il dirige un bureau d'études spécialisé dans les projets d'infrastructures.

Le traitement des eaux de distribution

C. Gomella et H. Guerrée, Eyrolles Paris, 1973, 204 pages.

Ouvrage assez général, à utiliser comme un répertoire de techniques plutôt que comme manuel pratique.

Les stations de pompage d'eau

Association Générale des Hygiénistes et Techniciens Municipaux (AGHTM) 1977.

Cet ouvrage donne un bon aperçu, assez complet, des techniques utilisées en France pour la construction et l'équipement des stations de pompage, y compris les pompes, les équipements amont, aval et de protection, la fourniture d'énergie, le contrôle et la commande des stations, les nuisances. Comprend une bibliographie sérieuse, des adresses utiles, des aperçus de la législation française, etc. Un bon ouvrage de référence.

Catalogue Canalisations

Pont-à-Mousson S.A., Nancy.

Disponible en français, anglais, allemand.

En plus de la liste des produits Pont-à-Mousson, le catalogue comprend des extraits des normes applicables, des tableaux de conversion des unités, un chapitre sur l'étude et la pose de canalisations, et bien d'autres indications utiles. On pourra aussi s'en servir éventuellement avec sa version anglaise ou allemande, pour déterminer les appellations françaises d'accessoires ou de mécanismes figurant dans les listes de produits Pont-à-Mousson.

Mémento technique de l'eau

Degrémont, Surennes.

Il fait une (trop) belle place aux produits de cette firme, spécialisée dans les équipements pour stations d'épuration et de traitement. Il constitue néanmoins une bonne synthèse des techniques disponibles et comporte une bibliographie très fournie.

Les eaux usées dans les agglomérations urbaines et rurales

H. Guerrée et C. Gomella, Eyrolles, Paris, 1978.

Tome 1: La collecte, 232 pages
Tome 2: Le traitement, 300 pages

La nouvelle édition de 1978, en deux volumes, est basée sur la nouvelle instruction interministérielle de 1977, relative aux réseaux d'assainissement. Quoique assez général et pas toujours très pratique, cet ouvrage est couramment utilisé par les ingénieurs français. Comme il ne cite que des extraits de l'Instruction, il peut être préférable de se baser directement sur celle-ci, qui est très détaillée.

Précis d'épuration biologique par boues activées
P. Brouzes, Eyrolles, Paris, 1973, 277 pages.
Une bonne introduction à cette technique.

Bassins de stabilisation des eaux usées
E. F. Gloyna, Organisation Mondiale de la Santé, Genève, 1971, monographie No 60.
Un bon ouvrage de référence, comportant des descriptions de cas d'application et s'inspirant des expériences faites à travers le monde dans ce domaine.

Loi et usage concernant le contrôle de la pollution
Editeur: Graham et Trotman, Londres, pour la Communauté Economique Européenne (CEE) 1976.
Série d'ouvrages publiés par la CEE et relatifs aux différents pays de la communauté.

The law and practice relating to pollution control in the member states of the EEC: a comparative survey
Publication de la CEE.

Aide-mémoire législation (française) des nuisances
Gousset, Dunod, Paris, 1973.

Revues en langue française traitant de problèmes d'hydraulique urbaine

Techniques et sciences municipales
Bulletin mensuel de l'Association Générale des Hygiénistes et Techniciens Municipaux (AGHTM), Paris. Comprend régulièrement des articles sur les nouveaux développements des techniques et des méthodes de l'hydraulique urbaine en France surtout, mais également dans d'autres pays.

La Tribune du CEBEDEAU (Centre Belge d'Etude et de Documentation des Eaux Liège)
Traité surtout de problèmes de traitement d'eaux usées de composition particulière, notamment industrielles.

La houille blanche
Revue trimestrielle de la Société Hydrotechnique de France, Grenoble. Publie occasionnellement des exposés sur des problèmes d'hydrologie urbaine ou d'alimentation en eau.

La Technique de l'Eau
Rue Tenbosch 43 – 1050 Bruxelles

L'Eau et l'Industrie
7, Avenue F.D. Roosevelt – 75008 Paris

Le Moniteur des Travaux Publics et du Bâtiment
17, rue d'Uzès – 75065 Paris Cedex 02

L'Eau Pure
Revue de l'Association Nationale pour la Protection des Eaux 195, Rue Saint-Jacques – 75005 Paris

Bulletin d'Information de l'Association Nationale des Services d'Eau (ANSEAU)
Rue Belliard 197 – Boîte postale n° 10 – 1040 Bruxelles

Réglementation

En France, la conception et le dimensionnement des réseaux d'assainissement sont régis par *L'instruction technique relative aux réseaux d'assainissement des agglomérations*, faisant l'objet de la circulaire interministérielle n° 77 284 du 22 juin 1977. Cependant, beaucoup de réseaux ont été dimensionnés conformément à la circulaire précédente, n° 1 333 du 22 février 1949 qui a été longtemps d'application. Ces circulaires peuvent être obtenues auprès de l'Imprimerie Nationale.

La législation des eaux potables est beaucoup plus complexe. La dérivation et la protection des eaux destinées à l'alimentation publique font l'objet de plusieurs décrets, lois et textes divers. A. Dupont résume quelques aspects de la législation des eaux dans le tome 2 de son ouvrage, *Hydraulique urbaine*. D'autre part, le *Journal Officiel* a publié sous le n° 1327 un receuil de tous les textes en vigueur concernant le régime juridique de l'eau. Le *Journal Officiel* peut être obtenu auprès de l'Imprimerie Nationale.

Signalons que la gestion des ressources en eau est confiée à des agences de bassin dont les responsabilités s'étendent à tout le cycle de l'eau, depuis les prélèvements dans le milieu jusqu'au rejet dans le milieu. Notons encore que les municipalités peuvent confier la création et l'exploitation des réseaux à des sociétés privées qu'on appelle alors sociétés concessionnaires.

Pour la législation d'autres pays, on pourra consulter les ouvrages spécialisés de l'Organisation Mondiale de la Santé (OMS, Genève) et en particulier

Normes internationales applicables à l'eau de boisson, 1965
Lutte contre la pollution de l'eau, aperçu de législation sanitaire comparée, 1967

La distribution de l'eau, en France

Contrairement à beaucoup d'autres pays, la production et la distribution d'eau en France est organisée séparément par chaque commune et non par l'état: il s'agit d'un service communal.

Il s'agit d'un service public, ce qui implique le respect des principes tels que la régularité (la fourniture d'eau doit être régulière) et l'égalité (tous les citoyens doivent être servis de la même manière).

D'autre part, c'est un service à caractère industriel et commercial, c'est-à-dire qu'il fonctionne comme une entreprise privée. Notamment, le coût du service doit être entièrement couvert par les paiements des utilisateurs.

Environ 40% des Français sont desservis par des régies, c'est-à-dire directement par les services de la commune. L'organisation publique la plus connue est le Syndicat des Communes de la Banlieue de Paris pour les Eaux (SCBPE). Environ 60% sont alimentés par des entreprises privées à qui la commune confie la gestion et l'exploitation du réseau. Ces entreprises sont très nombreuses, mais en fait, la plus grosse partie du marché est monopolisée par deux sociétés contrôlées par des groupes financiers importants: la Compagnie Générale des Eaux (CGE) et la Société Lyonnaise des Eaux et de l'Eclairage (SLEE).

Parmis les régies, on distingue

les régies directes	: simples services de la commune.
les régies autonomes	: dotées d'une autonomie financière.
les régies personnalisées	: dotées d'une autonomie financière et administrative.

En cas d'exploitation par une société privée, on parlera
d'*affermage*, si seules l'exploitation et la réception des paiements sont exécutée par la société privée, appelée fermière.

Les six agences financières de bassin

de *concession*, si la société privée, dite concessionnaire, est également chargées de construire le réseau.

Les conditions particulières des contrats de concession ou d'affermage sont discutées entre chaque commune et son entrepreneur privé. Cependant, elles doivent être conformes au cahier des charges-type. De même, les règles de fonctionnement des régies doivent respecter un règlement type.

Les communes rurales sont celles qui ont moins de 2000 habitants. C'est le cas de 34 634 communes françaises sur 36 000. Elles groupent plus de 20 millions d'habitants sédentaires et près de 10 millions de saisonniers. Quoiqu'elles soient entièrement responsables de leur distribution d'eau, ces communes peuvent demander l'assistance technique et financière du Ministère de l'Agriculture pour les travaux de construction des réseaux: assistance technique pour fixer le programme des travaux; assistance financière pour avancer les fonds nécessaires.

En 1980, 96% de la population rurale bénéficiait d'une alimentation à domicile (contre 50% en 1945), dont 90% à partir d'eaux souterraines.

D'autre part, la gestion d'ensemble des ressources en eau du pays est confiée à six agences de bassin, relevant du Ministère de l'Environnement et du Cadre de Vie. Ces agences sont des établissements publics de l'état. Ils font partie de l'administration, leurs employés sont des fonctionnaires de l'état, mais ils ont une autonomie financière, c'est-à-dire que leurs dépenses doivent être couvertes par des recettes perçues sur les utilisateurs de l'eau. Leur action est à la fois financière (financement des travaux) et réglementaire (préparation et exécution de règlements), mais elles ne peuvent pas agir comme maître d'ouvrage. Leur objectif est d'améliorer la gestion des ressources en eau et la qualité des eaux.

Les techniques françaises de traitement d'eau

Les stations de traitement d'eau dans le monde sont souvent réalisées par plusieurs entrepreneurs et en plusieurs lots (lot génie civil, lot étanchéités, lot équipement mécanique, lot équipement électrique, etc), suivant des options et des prescriptions précises définies par l'ingénieur-conseil.

Le système employé en France est très différent. Le rôle de l'ingénieur-conseil consiste uniquement à définir les performances et les dimensions principales des ouvrages et c'est à l'entreprise (unique) qu'il appartient de choisir les équipements, de les réaliser et de les mettre en route. La responsabilité de l'entreprise est engagée sur la qualité de l'eau traitée et les délais de réalisation, notamment sous forme de pénalités. Les procédés et les filières de traitement sont normalement déterminés par l'ingénieur-conseil mais des variantes sont souvent autorisées ou même encouragées au niveau de l'appel d'offres.

Une des conséquences de cette situation est le développement de quelques entreprises importantes, dotées de moyens de recherches propres. On citera en particulier

Degrémont société d'origine familiale, aujourd'hui annexée au groupe de la Société Lyonnaise (SLEE)

La Compagnie Européenne de Traitement des Eaux (CTE) du groupe de la Compagnie Générale des Eaux (CGE)
Trailigaz spécialisé au départ dans les applications de l'ozone au traitement des eaux, également du groupe de la CGE

On peut relever quelques particularités communes parmi les techniques proposées par les différentes entreprises françaises de traitement d'eau.

Rôle fondamental de la floculation-décantation
Choix de procédés associant l'air et l'eau pour le lavage des filtres sous forte couche
Bonne performance des procédés de désinfection

Certaines techniques ont été spécialement développées en France
l'ozonation
la filtration sur charbon actif
les associations combinées de l'ozone, du chlore et du bioxyde de chlore.

La formation du personnel technique pour l'exploitation des stations est notamment organisée par la Fondation de l'Eau, de Limoges, organisme semi-public.

La recherche française dans le domaine de l'eau potable

Quoiqu'il existe en France, une longue tradition de recherche dans ce domaine, il n'y a pas d'organisme de recherche spécialisé et les programmes sont répartis entre de multiples institutions, publiques et privées.

départements spécialisés des universités, réunis au sein du GRUTTEE (Groupe de Recherche Universitaire sur les Techniques de Traitement et d'Epuration des Eaux)

organismes publics de recherches tels que:

CERCHAR	Centre d'Etude et de Recherche des Charbonnages
CNRS	Centre National de la Recherche Scientifique
BRGM	Bureau des Recherches Géologiques et Minières
IRCHA	Institut de Recherche Chimique Appliquée
INSERM	Institut National Scientifique d'Etude et de Recherche Médicale
Institut Pasteur	

entreprises publiques ou privées de traitement et de distribution d'eau: ville de Paris, SCBPE, CGE, SLEE

départements spécialisés de l'industrie chimique

bureaux d'études

La coordination de ces différents organismes se fait d'une part par des liaisons directes et d'autre part au niveau du Ministère de l'Environnement et du Cadre de Vie. Le financement de la recherche est essentiellement privé (distributeurs d'eau, industriels, etc), surtout pour les recherches appliquées, mais la recherche fondamentale est soutenue par l'état, en particulier par le Ministère de l'Environnement et du Cadre de Vie, le Ministère de la Santé, le Ministère de l'Industrie, les Agences de Bassin.

On citera trois axes de recherche principaux: techniques d'analyse des eaux, procédés de traitement et connaissance des mécanismes intervenant dans le traitement des eaux.

Parmi les domaines où la recherche française s'est illustrée ces dernières années, nous mentionnerons

effets des micropolluants organiques dans les eaux potables et études des moyens de réduction des risques

dénitrification des eaux souterraines

remplacement du traitement conventionnel à l'ammoniaque par la chloration au point de rupture

enlèvement des micropolluants organiques et minéraux par le traitement de clarification.

Normes françaises applicables aux canalisations

Normes applicables aux canalisations en fonte: rubrique A48 (77 normes)

NF A 48–801	Produits de fonderie.
	Eléments de canalisations en fonte ductile spécification technique générale
NF A 48–501 à 515	Eléments de canalisations en fonte
	Série à brides, dite série BR
NF A 48–720 à 739	Eléments de canalisation en fonte

	Série Salubre, dite série E.U.
NF A 48–740 à 756	Eléments de canalisation en fonte Série Salubre, dite série U.U.
NF A 48–802 à 819	Eléments de canalisation en fonte ductile Série express GS à emboîtement, pour joint comprimé, dite série EX GS
NF A 48–821 à 824	Eléments de canalisation en fonte ductile Série standard GS à emboîtement pour joint automatique
NF A 48–901 et 902	Produits de fonderie Tuyaux en fonte ductile pour canalisations avec pression. Revêtement interne au mortier de ciment centrifugé.

Normes applicables aux canalisations en PVC: rubrique T54 (5 normes)

Normes applicables aux tubes et produits tubulaires en acier: rubrique A49 (71 normes)

Normes applicables aux tubes d'aluminium: rubrique A 50

NF A 50–501	Tubes soudés pour usage général et irrigation caractéristiques générales

Normes applicables aux canalisations de drainage et d'égouttage: rubrique P 16

NF P 16–301	Eléments en amiante-ciment pour canalisation sans pression
NF P 16–302 et 304	Tuyaux d'évacuation en amiante ciment
NF P 16–321, 421, 422	Eléments de canalisation en grès
NF P 16–341 et 343	Tuyaux circulaires en béton armé et non armé pour assainissement
NF P 16–351 et 352	Tubes en PVC non plastifiés
NF P 16–401	Sections internes des égouts ovoïdes
NF P 16–403 à 418	Canalisations sous pression en amiante-ciment

Fascicule n° 70 du Ministère de l'Equipement et du Logement: ensemble de prescriptions applicables aux travaux de canalisations d'assainissement et ouvrages annexes.

Cahier des prescriptions communes du Ministère de l'Agriculture pour la fourniture et la pose de canalisations d'assainissement et ouvrages annexes.

Instructions techniques relatives à l'assainissement des agglomérations, de la Direction Générale de l'Urbanisme et de l'Habitation.

Normes applicables aux canalisations de distribution d'eau: rubrique P 41

NF P 41–101 et 103	Terminologie
NF P 41–201	Travaux de plomberie et installations sanitaires urbaines
NF P 41–205	Abaque pour le calcul des conduites d'eau
DTU P41–211 à 214	Travaux de canalisation en PVC
NF P 41–302 et 403	Canalisations sous pression en amiante-ciment
NF P 41–303, 304, 501 à 505	Protection extérieure des canalisations métalliques

LECON 5: BIBLIOGRAPHIE

Bibliographie sélective

Assainissement agricole, M. Poirée et C. Ollier, Eyrolles, Paris, 1972, 528 pages.

Irrigation. Les réseaux d'irrigation

M. Poirée et C. Ollier, Eyrolles, Paris, 1971, 456 pages.

Trop généraux pour être d'une réelle utilité aux praticiens de l'hydraulique agricole. Ils méritent néanmoins d'être mentionnés comme deux des rares ouvrages en français traitant de l'ensemble des problèmes d'hydraulique agricole.

L'irrigation par aspersion et les réseaux collectifs de distribution sous pression

R. Clément et A. Galand, Eyrolles, Paris, 1979. Probablement un des meilleurs ouvrages sur les réseaux d'aspersion à la demande, basé sur l'expérience des auteurs à la Société du Canal de Provence.

Collection du Ministère de la Coopération

Les ouvrages de cette collection sont rédigés, à l'initiative du gouvernement français, par des spécialistes des problèmes techniques tels qu'on les rencontre dans les pays sous-développés. Ils sont publiés par Eyrolles et disponibles en librairie. Nous citerons dans la série *Techniques rurales en Afrique*:

Mémento de l'agronome
Ministère de la Coopération, 1974, 1592 pages.
Mémento du forestier
Ministère de la Coopération, 1976, 834 pages.
Mémento de l'adjoint technique des travaux ruraux
Ministère de la Coopération, 1977, 800 pages.
Hydraulique pastorale
Bureau Central pour les Equipements d'Outre-Mer (BCEOM) 1973, 312 pages.
Les ouvrages d'un petit réseau d'irrigation
Ministère de la Coopération, 1974, 192 pages.
Les ouvrages en gabions.
Ministère de la Coopération, 1974, 128 pages.
Manuel de l'adjoint technique du génie rural.
Société grenobloise de recherches et d'applications hydrauliques (SOGREAH), 1975, 384 pages.
Irrigation gravitaire par canaux
SOGREAH, 1976, 296 pages.
Les pompes et les petites stations de pompage
SOGREAH, 1975, 190 pages.
La construction des puits en Afrique tropicale et l'investissement humain
BURGEAP, 1975, 192 pages.
Manuel de gestion des périmètres irrigués.
Société Centrale pour l'Equipement du Territoire, 1977, 272 pages.

Collection du Centre Technique du Génie Rural, des Eaux et des Forêts (CTGREF) et de l'Etablissement Nationale pour le Génie Rural et les Eaux et Forêts (ENGREF)
On citera parmi d'autres

Utilisation de la photographie aérienne pour l'étude des avant-projets et projets de drainage
ENGREF, département hydraulique
Le drainage agricole, essai de synthèse
Y. Guyon, 1974, CTGREF.
Les retenues collinaires dans les projets d'aménagement rural
CTGREF, 1978.
Les calculs d'un projet de drainage
BTGR (Bulletin Technique du Génie Rural)
Y. Guyon, 1978, no 123.

Publications de la Commission Internationale de l'Irrigation et du Drainage (CIID)

Dictionnaire multilingue de l'irrigation et du drainage
Secrétariat Général, New Delhi: français, anglais, 1967
Comité National Allemand: allemand, anglais, 1971.

bulletins périodiques

Quatre ou cinq bulletins par an comportant des articles sur les problèmes d'hydraulique agricole présentés par les comités nationaux et des comptes rendus de certaines réunions de la commission. Ces articles sont publiés soit en français, soit en anglais, avec un résumé dans l'autre langue.

bibliographies annuelles

La CIID publie chaque année une bibliographie (titres, résumés et références) des articles parus à travers le monde, dans le domaine de l'irrigation, du drainage, de la régulation des cours d'eau et de la maîtrise des crues. Le numéro de 1978, qui est le vingt-troisième, comporte plus de 2000 références. Ces ouvrages sont élaborés avec le concours des comités nationaux.

Food and Agriculture Organization (FAO) — Documents irrigation et drainage

La FAO (Rome) a entrepris la rédaction et la publication de documents techniques dont un bon nombre concerne l'hydraulique agricole. Les ouvrages sont publiés en plusieurs langues et sont généralement rédigés par des experts qui ont une connaissance théorique et pratique des problèmes.

Revues de langue française, traitant de l'hydraulique agricole

Il n'existe pas, à notre connaissance de périodique en français, exclusivement spécialisé dans les problèmes d'hydraulique agricole. Nous citerons néanmoins quelques revues qui y consacrent occasionnellement des articles intéressants.

La Houille blanche, bulletin trimestriel de la Société Hydrotechnique de France, Grenoble.

Géomètre (Paris) notamment, les numéros d'avril et mai 1978 contiennent une bonne synthèse des problèmes de drainage.

Eau-Aménagement, bulletin mensuel de la Société du Canal de Provence.

Le génie rural, PYC, Paris

LECON 6: BIBLIOGRAPHIE

Publications de la Commission Internationale des Grands Barrages (CIGB)/International Congress on Large Dams (ICOLD)

Ces publications paraissent en principe dans les deux langues officielles de la commission: l'anglais et le français. Elles peuvent être obtenues du secrétariat général à Paris ou des branches nationales. Elles comprennent

les rapports des congrès de la Commission Internationale

des bulletins techniques, traitant de problèmes particuliers des barrages. 36 bulletins depuis la fondation de l'organisation, dont 17 étaient encore disponibles début 1981.

le registre mondial des grands barrages — liste volumineuse des grands barrages (hauteur au-dessus des fondations supérieure à 10 m) à travers le monde, avec leurs principales caractéristiques.
Dernière mise à jour, décembre 1977.

Extraits des publications de la CIGB
Premier volume, 1978

La mécanique des roches et les fondations des grands barrages
P. Londe, 1973

Leçons tirées des accidents de barrage
Edition complète, 1974, Edition abrégée, 1973

Dictionnaire et glossaire des barrages
voir références à l'annexe 3, page 180.

Publications du Centre Technique du Génie Rural des Eaux et des Forêts (CTGREF)

Le CTGREF (Paris) s'intéresse surtout aux projets ruraux. Les publications concernent surtout les petits barrages, particulièrement les ouvrages en terre. Les *Informations techniques du CTGREF* comportent occasionnellement des articles à ce sujet, mais on mentionnera surtout *la technique des barrages en aménagement rural* (1977) qui donne un aperçu très complet des problèmes et des techniques liés à l'étude, à la réalisation, à l'exploitation de barrages, dans le cadre des aménagements ruraux. Ouvrage de synthèse, il est surtout conçu comme une introduction destinée aux ingénieurs qui ne sont pas spécialisés dans ces disciplines.

Sommaire: aspects juridiques et administratifs d'un projet de barrage — études préliminaires — barrages en terre — barrages en enrochements — conception et réalisation des barrages en béton — surveillance et entretien des barrages.

A part ces publications d'organismes spécialisés, la littérature technique française est assez pauvre dans le domaine des barrages proprement dits.

LECON 7: BIBLIOGRAPHIE

Nous citerons parmi d'autres quelques ouvrages qui peuvent donner un aperçu des techniques routières françaises.

Dictionnaire de l'industrie routière
J. Choppy, Eyrolles, Paris, 1977.
Dictionnaire de poche donnant la définition en français d'environ 700 termes utilisés par les entreprises routières.

Conception et construction des chaussées
G. Jeuffroy, Eyrolles, Paris, 1974.
Collection: *Cours de l'Ecole Nationale des Ponts et Chaussées*
Tome 1: Les véhicules, les sols, le calcul des structures
Tome 2: Les matériaux, les matériels, les techniques d'exécution des travaux.

Les autoroutes: conception et réalisation
M. Millet et A. Veuve, Eyrolles, Paris, 1975; *Partie 1: conception, Partie 2: Réalisation.*

Routes: circulation, tracé, construction
R. Coquand, Eyrolles, Paris, 1979; *Tome 1: Circulation, tracé, Tome 2: Construction et entretien.*

Manuels sur les routes dans les zones tropicales et désertiques
Bureau Central pour les Equipements d'Outre-Mer (BCEOM)
Centre d'Etudes du Bâtiment et des Travaux Publics (CEBTP)
Eyrolles, Paris, 1972 et 1975.
Collection du Ministère de la Coopération
Tome 1: Conception et économie des projets routiers
Tome 2: Etude et construction

Tome 3: Entretien et exploitation de la route.

Les métiers de l'entretien routier dans les pays africains
M. Gérard et J. Baillon, Eyrolles, Paris, 1977, Collection du Ministère de la Coopération.

Annexe 3: Dictionnaires, Annuaires

LE CHOIX D'UN DICTIONNAIRE

Tout ingénieur qui a été confronté au problème de trouver dans un dictionnaire l'équivalent français d'un mot technique dont il connait la signification dans sa propre langue, sait que ce n'est pas un exercice évident. Le fait que les principes de construction des mots composés utilisés dans certaines langues, ne soient pas transposables au français constitue une première difficulté.

Exemple

Par comparaison avec les mots dérivés de 'horse' en anglais et de 'Pferd' en allemand, dont la filiation est claire, les équivalents français paraissent inattendus

horse	Pferd, Ross	cheval
horse-doctor	Rossartz	vétérinaire
horsehair	Rosshaar	crinière
horsepower	Pferdekraft	cheval-vapeur
horse-show	Pferdeschau	concours hippique

Une seconde difficulté vient de ce que les mots techniques, au contraire des mots du langage courant, ne sont pas normalisés. Chacun est libre d'attribuer une signification personnelle à un mot déterminé et il n'est pas rare de voir deux ingénieurs au sein d'une même équipe utiliser des mots français différents pour désigner un même ouvrage ou une même technique. Les origines de ces divergences sont multiples. On citera en particulier la disparité qui s'établit dans la francophonie entre des sous-ensembles linguistiques distincts (Suisse, Wallonnie, régions françaises, Afrique du nord, Afrique noire, Canada, etc) qui développent des originalités plus ou moins importantes dans l'usage et la signification des mots.

Exemple

Les ingénieurs belges parleront souvent 'd'égouttage' là où les ingénieurs français utiliseront le mot 'assainissement'.

On relèvera enfin — et peut-être surtout — le fait que la décomposition d'un élément technique en ses différents composants ne s'organise pas de la même façon dans toutes les langues. En conséquence, les mots qui désignent ces composants ne peuvent pas se correspondre d'une langue à l'autre.

Exemple

On a déjà mentionné que la 'feasibility study' anglaise ou la 'Durchfürbarkeitsstudie' allemande correspondent en partie aux 'études préliminaires' et en partie à 'l'avant-projet' français.

On a parlé aussi des différences entre le 'dam' anglais, le 'Damm' allemand et le 'barrage' français.

On citera encore le cas des techniques d'évacuation des eaux que les ingénieurs anglophones répartissent en

drainage, évacuation des eaux de ruissellement (hydraulique urbaine et agricole), et
sewerage, évacuation des eaux usées (hydraulique urbaine exclusivement)

alors que les ingénieurs francophones les répartissent en

assainissement, évacuation des eaux excédentaires, en général, pluviales et/ou usées
drainage, évacuation des eaux excédentaires d'une parcelle de terre (hydraulique agricole exclusivement).

Ces exemples peuvent être multipliés.

On comprend ainsi l'intérêt des dictionnaires techniques spécialisés et particulièrement de ceux qui ne s'arrêtent pas aux simples équivalences des mots mais qui donnent également une définition de chaque terme dans sa langue. Malheureusement, les dictionnaires de ce type ne couvrent pas l'ensemble des techniques relevant du génie civil. D'autre part et pour des raisons de coût, la mise à jour et la réédition de ces ouvrages suit un rythme nettement plus lent que celui de l'évolution des techniques et de la signification des termes. Faute de mieux, on pourra toujours utiliser un dictionnaire bilingue détaillé (type Harrap's Standard) en s'aidant d'un dictionnaire technique unilingue de la discipline concernée pour s'assurer du contenu exact des mots.

Bien entendu, ces dispositions s'appliquent à des exercices du genre rédaction d'un rapport ou étude du français technique plutôt qu'à des conversations courantes. Pour des usages plus courants ou plus rapides, on pourra utiliser un de ces dictionnaires techniques généraux. Leur présentation (format réduit) et leur concision (équivalence des termes d'une langue à l'autre, sans définition ni commentaire) en font des ouvrages faciles à manipuler sur chantier ou au cours d'une conversation. Ils constituent un intermédiaire souvent utile entre les dictionnaires généraux et les dictionnaires techniques spécialisés. A noter toutefois, que certains dictionnaires généraux très détaillés peuvent être occasionnellement plus explicites que certains dictionnaires dits 'techniques', même pour des termes techniques.

DICTIONNAIRES TECHNIQUES GENERAUX

Il s'agit de dictionnaires usuels qui couvrent une large gamme de sciences et/ou de techniques, et pas seulement le génie civil. Ils constituent un intermédiaire entre les dictionnaires généraux ordinaires et les dictionnaires techniques spécialisés.

Dictionnaire technique général anglais-français
English–French general technical dictionary
auteur : J. Gérard Belle-Isle, canadien
éditeur : Routledge and Kegan Paul, Dunod
anglais–français

contenu
—plus de 49 000 termes anglais relevant de quelques 30 disciplines techniques courantes de l'industrie et du commerce
—plus de 126 000 termes français équivalents avec, dans certains cas, indication du domaine d'application et exemple d'utilisation.

classement : alphabétique, d'après les initiales des mots anglais.

French–English scientific and technical dictionary
auteur : Louis Devries, Stanley Hochman
éditeur : McGraw-Hill Book Company, 4ème édition, 1976
français–anglais

contenu: 52 000 termes français relevant de techniques et de sciences très diverses, dont quelques-unes se rapportent au génie civil: géologic, géophysique, informatique.

Dictionnaire des Sciences et des Techniques
Dictionary of science and technology
auteur : A. F. Dorian
éditeur : Elsevier
français/anglais, en préparation
anglais/français, 1979,
anglais/allemand, 1978,
allemand/anglais, 1978,

Dictionnaire technique
Technical Dictionary
auteur : G. Malgorn
éditeur : Gauthier-Villars
français-anglais, 1978
anglais-français, 1976

disciplines : machines-outils — moteurs à combustion interne — mines — travaux publics — aviation — électricité — TSF — construction navale — métallurgie — commerce.

présentation : deux dictionnaires de poche assez sommaires

Chambers dictionary of science and technology
éditeur : Chambers, Edinburgh, 1974

Dictionnaire de termes et locutions techniques de génie civil, mécanique, électricité, mines, sciences et industries connexes
Dictionary of technical terms and phrases used in civil, mechanical, electrical and mining engineering and allied sciences and industries
auteur : J. O. Kettridge, augmenté par Max Denis
éditeur : Routledge and Kegan Paul Ltd, Londres
dernière édition : 1977, en deux tomes
français-anglais et anglais-français

disciplines couvertes (total de 100 000 mots, termes et locutions) : chimie — physique — géométrie — génie civil — mécanique — électricité — mines — sciences – industries connexes.

Quand un même mot a plusieurs significations différentes, chacune fait l'objet d'une entrée distincte dans le dictionnaire et est définie par un exemple d'utilisation.

Lexique des termes techniques en usage aux Etats-Unis
éditeur : Eyrolles, Paris, 1947
auteurs : P. Bourrières et J. Vernisse
américain–français

Glossaire bilingue de la technologie américaine
éditeur : ambassade de France aux Etats-Unis, Washington, 1953
américain–français

Dictionnaire polytechnique
Polytechnisches Wörterbuch
auteur : Aribert Schlegelmilch
éditeur : Mac Hueber Verlag
allemand-français
disciplines : une grande variété de techniques dont le bâtiment, les chemins de fer, la géologie, les mines, etc.

Dictionnaire technique illustré en six langues
éditeur : Association Permanente des Congrès de Navigation secrétariat Général AIPCN, rue de la loi, 155, 1040 Bruxelles,
tél. : (02) 733.96.70
publié avec le concours de l'UNESCO
français, anglais, allemand, espagnol, italien, néerlandais disciplines

1. *La mer*, paru en 1957, momentanément épuisé
2. *Fleuves, rivières, canaux*, paru en 1939, momentanément épuisé
3. *Particularités spéciales aux ponts fixes et mobiles sur voies d'eau*, en projet
4. *Bâteaux et navires, propulsion*, paru en 1967
5. *Matériaux*, paru en 1951
6. *Procédés et matériel d'exécution des ouvrages*, paru en 1959
7. *Les ports*, paru en 1938, épuisé
8. *Ecluses et cales sèches*, paru en 1936
9. *Signalisation maritime*, réédité en 1963
10. *Barrages en rivières* paru en 1934, momentanément épuisé

classification
—Chaque partie est divisée en chapitres spécialisés (une dizaine) et chaque chapitre est divisé en thèmes (quatre ou cinq).
—Pas d'exemple, simple traduction de chaque terme en six langues.
—A la fin de chaque partie, listes alphabétiques dans chaque langue : tous les termes sont munis d'un numéro permettant de les retrouver.

DICTIONNAIRES TECHNIQUES SPECIALISES

Un certain nombre de dictionnaires, bilingues ou multilingues, se rapportant à des techniques particulières du génie civil, sont édités soit par des associations spécialisées soit par les départements scientifiques des grandes maisons d'édition. Chacun de ces ouvrages a un champ d'application bien déterminé et il est peu probable qu'un seul d'entre eux puisse répondre parfaitement à un besoin donné. Il sera souvent nécessaire de se référer à plusieurs dictionnaires.

Bâtiment, travaux publics

Dictionnaire pour les travaux publics, le bâtiment et l'équipement des chantiers de construction
Dictionary of civil engineering and construction machinery and equipment
Diccionario para obras publicas, edificaction y maquinaria en obra
Wörterbuch für Bautechnik und Baumaschinen

auteur : Herbert Bucksch
éditeur : Eyrolles, France et Bauverlag, Allemagne
langues et éditions (cinq volumes différents)
anglais-français, 1979, 420 pages
français-anglais, 1979, 548 pages
allemand-français, 1972, 878 pages
français-allemand, 1970, 912 pages
français-espagnol, 558 pages

disciplines couvertes (total d'environ 200 000 mots ou expressions): construction de routes et aéroports — constructions fluviales et maritimes — tunnels — mécanique des sols — terrassements — assainissement — irrigation — évacuation des eaux d'égouts — forages de puits de pétrole — construction des ports — des barrages — des bâtiments — éléments préfabriqués — béton précontraint — géologie — minéralogie — matériels et matériaux de construction.

Quoique certains mots soient rassemblés par thèmes techniques (grands barrages, eaux usées, engins de chantier, etc) il est parfois difficile d'identifier un mot cherché dans la mesure où aucun exemple, aucune indication ne précise la signification des mots. D'autre part, l'éventail des disciplines abordées est tellement large qu'aucune d'elle ne peut être couverte complètement. Cet ouvrage reste néanmoins utile,

surtout, semble-t-il, pour les termes et expressions se rapportant aux chantiers de construction et comme dictionnaire de poche.

Vocabulaire international des termes d'urbanisme et d'architecture
auteurs : J. H. Calsat, J. P. Sydler
anglais, allemand, français
éditeur : Eyrolles, France, 1970

Dictionnaire Elsevier du bâtiment
Elsevier's dictionary of building construction
Elsevier Wörterbuch der Baukunde
auteur: C. J. Van Mansum
éditeur: Elsevier, 1959
anglais/américain, français, néerlandais, allemand

Dictionnaire Elsevier des outils et des matériaux de construction
Elsevier's dictionary of building tools and materials
Elsevier Wörterbuch der Baugeräte und Materialen
auteur: L. Y. Chaballe et J. P. Vandenberghe
éditeur: Elsevier, en préparation
anglais, français, espagnol, néerlandais, allemand

Dictionnaire international du bâtiment
International dictionary of building construction
Internationales Wörterbuch der Baukunde
auteurs: A. Cagnacci et Schwicker
éditeur: Dunod, 1972
anglais, français, allemand, italien

disciplines: génie civil — architecture — hydraulique etc.

contenu
—plus 20 000 termes techniques dans chaque langue
—seule la correspondance des mots est indiquée, sans exemple, ni commentaire, ni illustration.

classification
—tableau alphabétique anglais avec correspondance dans les trois autres langues
—index alphabétiques dans les trois autres langues.

Lexique-guide d'acoustique architecturale
Concise dictionary of architectural acoustics
Kurzes Wortverzeichnis für Akustik in der Architektur
auteur: J. Pujolle, pour le COMAPI (Comité d'action pour l'isolation et l'insonorisation)
éditeur: Eyrolles, 1971
français, anglais, allemand

contenu: correspondance des termes dans les trois langues, avec commentaires détaillés et illustrations — réglementation française et normalisation — listes d'organismes nationaux et internationaux — bibliographie

classification: ordre alphabétique français

Dictionnaire technique de chauffage, ventilation, technique sanitaire
Technical dictionary of heating, ventilation, sanitary engineering
Technisches Wörterbuch der Heizung, Lüftung, Sanitärtechnik
auteur: Ingénieur W. Lindeke *et alii*
éditeur: Pergamon Press, Angleterre et Veb Verlag Technik, Berlin
français, allemand, anglais, russe

contenu: 5300 termes dans chaque langue; seule la correspondance des mots est indiquée, sans exemple, ni commentaire, ni illustration.

classification
tableau alphabétique anglais avec correspondance dans les trois autres langues
index alphabétique dans chacune des trois autres langues.

Matériaux

Vocabulaire du béton
Terminology of concrete
Betonwortschatz
auteur: Conseil International de la Langue Française (CILF)
éditeur: Eyrolles, Paris, 1976
français, anglais, allemand
contenu
—définitions en français, traductions en allemand et en anglais
—800 termes couvrant les aspects suivants du béton: nomenclature — constituants — élaboration et mise en oeuvre — calculs — produits fabriqués.

classification
—classement systématique par disciplines
—lexiques alphabétiques anglais et allemand avec correspondances en français.

Dictionnaire multilingue du béton
Multilingual dictionary of concrete
Mehrsprachiges Wörterbuch der Beton

auteur: Fédération Internationale de la Précontrainte (FIP)
éditeur: Elsevier, 1976
anglais, français, allemand, espagnol, néerlandais, russe
contenu: près de 1500 termes dans chaque langue, seule la correspondance des mots est indiquée, sans exemple, ni commentaire, ni illustration.
classification
—tableau alphabétique anglais avec traduction dans quatre autres langues (pas en russe)
—index alphabétiques dans les cinq autres langues.

Dictionnaire trilingue des matériaux et des constructions
Trilingual dictionary of materials and structures
Dreisprachiges Wörterbuch der Werkstoffe und Konstruktionen

auteurs: E. Holmström, M. Fickelson, D. Jejčič, pour la Réunion Internationale des Laboratoires d'Essais et de Recherches sur les Matériaux et les Constructions (RILEM)
éditeur: Pergamon Press
français, anglais, allemand
disciplines: surtout les techniques de laboratoire, mais pas exclusivement
contenu: on indique non seulement la correspondance des termes dans les trois langues, mais également une définition de chaque terme dans sa langue — plus de 8000 termes dans chaque langue.
classification
—classement systématique par chapitres spécialisés
—index alphabétiques dans les trois langues.

Dictionnaire technique du bois
Wood technical dictionary
Wörterbuch der Holztechnik

auteur: J. Langendorf pour l'Institut Central de la Technologie du Bois (RDA)

éditeur: Veb Fachbuchverlag, Leipzig, 1969
français-anglais-allemand-russe

contenu: seule la correspondance des termes dans les quatre langues est indiquée — près de 10 000 termes.

classification
—tableau alphabétique allemand avec correspondances dans les trois autres langues
—index alphabétiques dans les trois autres langues.

Dictionnaire Elsevier du bois
Elsevier's wood dictionary
Elsevier Wörterbuch der Holztechnik
auteur: Boerhave Beekman
éditeur: Elsevier
anglais/américain – français-espagnol-italien-suédois-néerlandais-allemand
contenu
volume 1 – commerce et botanique, 1964
volume 2 – production, transport, vente, 1966
volume 3 – recherche, fabrication, utilisation, 1968,

Dictionnaire du gypse et du plâtre
Gypsum and plaster dictionary
Gips Wörterbuch
auteur: K. H. Volkart
éditeur: Bauverlag
anglais, allemand, français

Hydraulique

Dictionnaire technique multilingue de l'irrigation et du drainage
Multilingual technical dictionary on irrigation and drainage.
auteur et éditeur: Commission Internationale des Irrigations et du Drainage (CIID)
achat: sur commande aux branches locales de la CIID ou au bureau central: 48 Nyaya Marg, Chanakyapuri, New Dehli, 21 India
français-anglais et anglais-français en un seul volume édition unique: 1967

Principes de classification
Les termes techniques anglais et français avec leurs définitions dans chacune des langues, sont placés en vis-à-vis sur la même page du dictionnaire. Les termes qui sont la traduction l'un de l'autre sont dotés d'un même numéro de référence, repris par les index alphabétiques anglais et français à la fin de l'ouvrage.
disciplines couvertes par les seize chapitres

1. Généralités: aspects statistiques et analytiques — dessins techniques — unités de mesure.
2. Hydrologie
3. Mise en valeur
4. Etude d'un aménagement
5. Etude des canaux d'irrigation
6. Comportement, régularisation et correction des cours d'eau
7. Ouvrages de prise d'eau
8. Ouvrages sur les canaux
9. Réseaux d'irrigation et distribution des eaux d'irrigation
10. Puits ordinaires, puits instantanés et dispositifs élévatoires
11. Etude et construction des réseaux de drainage
12. Matériaux de construction
13. Méthodes et matériel de construction
14. Recherches hydrauliques
15. Exploitation, entretien et réparation
16. Conservation des sols.

Appréciation
Dans un temps où les professionnels eux-mêmes ne s'entendent pas toujours sur la signification et l'usage des mots techniques dans une langue déterminée, cet ouvrage, établi par une commission internationale supportée par plus de cinquante pays, avec le concours d'experts renommés et de comités nationaux, fait autorité. Sa méthode d'élaboration en fait, au-delà de l'aspect dictionnaire, un document de référence de la profession. Il est également très complet et nous pensons que très peu de termes en sont omis.
On regrettera néanmoins que la première édition n'ait pas été mise à jour depuis 1967. Les techniques de l'irrigation et du drainage ont bien évolué depuis lors, entrainant à la fois la création de nouveaux mots et des évolutions sensibles dans la signification et l'usage de certains termes déjà employés précédemment. Les techniques d'irrigation par aspersion et au goutte-à-goutte sont particulièrement négligées.

Multilingual dictionary on irrigation and drainage
Fachwörterbuch für Bewässerung und Entwässerung
auteur: Comité Allemand de la CIID
éditeur: Franckh'sche Verlagshandlung, Stuttgart, 1971
anglais-allemand et allemand-anglais en un seul volume.

contenu: Il s'agit en fait d'une traduction du dictionnaire équivalent anglais-français.

classification
—Les termes sont repris dans le même ordre et avec les mêmes numéros que le dictionnaire anglais-français.
—La combinaison des deux dictionnaires peut donc être utilisée comme dictionnaire français-allemand ou allemand-français. La traduction de chaque terme en français est d'ailleurs donnée, mais sans la définition française.
—Index alphabétiques en français, anglais, allemand.

Dictionnaire de l'hydrotechnique et de l'amélioration du sol
Dictionary of hydrotechnics and soil conservation
auteurs: E. A. Weizman et V. S. Litvinenko
éditeur: Commission Internationale de l'Irrigation et du Drainage, Moscou, 1974
français, espagnol, russe, anglais

contenu: simple équivalence (sans aucun commentaire ni explication) de 1200 termes, rangés par ordre alphabétique.

classification: la présentation en quatre fascicules correspondant aux rangements alphabétiques dans les quatre langues, permet d'éviter le recours à un sytème d'indexation.

appréciation: Cette autre publication de la CIID n'a pas l'envergure du *Dictionnaire multilingue de l'irrigation et du drainage.* Il comprend moins de termes et aucune définition détaillée pour aider au repérage du terme adéquat. Il peut néanmoins être utile, comme dictionnaire de poche, aux hydrauliciens et aux spécialistes des aménagements hydro-agricoles.

Dictionnaire technique d'hydraulique générale et appliquée
auteurs: Boucher et Raymond

éditeur: Ecole Polytechnique, Montréal, Canada
anglais-français

Dictionnaire Elsevier d'hydrogéologie
Elsevier's dictionary of hydrogeology
Elsevier Wörterbuch der Hydrogeologie
auteur: H. O. Plannkuch
éditeur: Elsevier, 1971
anglais, français, allemand

contenu: définitions des termes anglais et correspondances dans les deux autres langues — index alphabétiques

Dictionnaire technique de l'eau et de l'assainissement
Dictionary of water and sewage engineering
Wörterbuch für das Wasser- und Abwasserfach
auteurs: F. Meinck et H. Möhle
éditeur: Elsevier, 1977
allemand, français, anglais, italien

contenu
—seule la correspondance des mots est indiquée, sans définition, ni commentaire, ni illustration
—près de 10 000 termes
—tableaux d'unités

classification
—liste alphabétique des termes allemands avec repère numérique et indication des termes correspondants dans les trois autres langues.
—index alphabétiques dans les trois autres langues.

Dictionnaire des canalisations à grande distance
Pipeline dictionary
Rohrfernleitungs Wörterbuch
auteurs: H. Bucksch et A. P. Altmeyer
éditeurs: Eyrolles, Paris et Bauverlag, Allemagne, édition 1969, 288 pages
anglais, français, allemand

contenu
—seule la correspondance des mots est indiquée, sans commentaire, ni définition, ni illustration;
—plus de 4000 termes dans chaque langue

—tableaux d'abréviations et de conversion des unités.

classification

—tableau alphabétique anglais avec correspondance dans les deux autres langues;

—index alphabétiques français et allemand.

Dictionnaire et glossaire des barrages
Dictionary and glossary on dams
Wörterbuch und Wörterverzeichnis für Talsperren

auteur et éditeur: Commission Internationale des Grands Barrages (CIGB), International Congress on Large Dams (ICOLD), 3ème édition, 1979

français, anglais, allemand, espagnol, italien, portugais

disciplines: généralités — les barrages — ouvrages annexes des barrages — construction des ouvrages.

contenu

—correspondance des termes sans commentaire ni définition, avec toutefois des illustrations pour certains mots

—environ 3000 mots, répartis en quatre chapitres

classification

—tableau de correspondance des mots dans les six langues, avec classement systématique (par sujets)

—index alphabétiques dans les six langues

Vocabulaire des barrages
Dam terminology

auteur et éditeur: CIGB – ICOLD, édition revisée, 1970

anglais-français

disciplines: les barrages, surtout pour le génie civil

contenu

—définition dans les deux langues et correspondances d'une langue à l'autre

—deux figures dans chaque langue

—près de 200 termes dans chaque langue

classification

—correspondances et définitions suivant un classement alphabétique anglais

—index alphabétique français avec correspondances en anglais

Industrie pétrolière

Lexique des pipe-lines à terre et en mer
Glossary of onshore and offshore pipelines

auteur: OTP, Omnium Technique des Transports par pipe-line.
éditeur: Technip, 1979
anglais–français et français–anglais

disciplines: s'applique surtout (mais pas exclusivement) aux conduites de transport de pétrole et de gaz, leurs accessoires et leurs équipements.

contenu
—seule la correspondance des mots d'une langue à l'autre est indiquée, sans définition, ni commentaire, ni illustration.
—recueil de sigles et d'abréviations

classification: deux dictionnaires indépendants, en un volume.

Lexique multilingue du pétrole et du gaz, à terre et en mer
Onshore/offshore oil and gas multilingual dictionary
Mehrsprachiges Wortverzeichnis der Öl und Gasgewinnungsbranche

auteur et éditeur: Commission des Communautés Européennes, Bureau de terminologie, 1979
danois, allemand, anglais, français, italien, néerlandais

contenu: seule la correspondance des mots dans les différentes langues est indiquée.

classification
—classement systématique par chapitres spécialisés;
—index alphabétiques dans les six langues.

Dictionnaire pétrolier des techniques de diagraphie, forage et production
Technical petroleum dictionary of well-logging, drilling and production terms
Technisches Wörterbuch der Erdölindustrie für Bohrlochmessungen, Bohren und Fördern

auteur: Institut Français du Pétrole.

éditeur: Technip, 1965
français, anglais, allemand, russe

contenu
—seule la correspondance des termes dans les quatre langues est indiquée, sans définition, ni commentaire, ni illustration.
—environ 3500 termes.

classification
—tableau alphabétique russe avec correspondances
—index alphabétiques dans les trois autres langues.

Dictionnaire technique du pétrole
Dictionary of petroleum technology
auteurs: M. Moreau et G. Brace, Institut Français du Pétrole
éditeur: Technip, 1979
anglais–français et français–anglais

disciplines: l'ensemble des techniques pétrolières, dont certaines relèvent plus particulièrement du génie civil: géologie, géophysique, forage, économie, informatique, sécurité, production électrique, transport, pollution, etc.

contenu
—Seule la correspondance des mots d'une langue à l'autre est indiquée
—50 000 termes et expressions

classification: deux dictionnaires indépendants, en un volume

Géologie, géotechnique

Dictionnaire international de métallurgie, minéralogie, géologie, des mines et de l'industrie pétrolière
International dictionary of metallurgy, mineralogy, geology and the mining and oil industries.
Internationales Wörterbuch für Metallurgie, Mineralogie, Geologie, Bergbau und die Ölindustrie.
auteur: A. Cagnacci et A. Schwicker
éditeur: Bauverlag
anglais, allemand, français

Dictionnaire Elsevier de mécanique des sols
Elsevier's dictionary of soil mechanics
Elsevier Wörterbuch der Bodenmechanik
auteur: A. D. Visser
éditeur: Elsevier, 1965
anglais/américain, français, néerlandais, allemand

Dictionnaire des sciences de la terre
Dictionary of earth science
auteur: J. P. Michel et R. W. Fairbridge
éditeur: Masson, USA
anglais-français et français-anglais

disciplines: toutes les disciplines relevant des sciences de la terre, notamment la géologie, la minéralogie, la tectonique.

contenu
—dictionnaire de poche, comprenant environ 5000 termes dans chaque langue
—on indique pour chaque terme son équivalent dans l'autre langue et une définition dans sa propre langue
—pas de commentaire, ni d'illustration

classification: deux dictionnaires indépendants

Glossaire de géologie minière
Glossary of mining geology
Wörterverzeichnis der Berggeologie
auteur: G. C. Amstutz
éditeur: Elsevier, 1971
anglais, français, espagnol, allemand

Lexique technique des termes utilisés en mécanique des sols et en travaux de fondation
Technical dictionary for soil mechanics and foundation engineering
Technisches Wortverzeichnis für Bodenmechanik und Gründungstechnik
auteur et éditeur: Société Internationale de Mécanique des Sols et de Travaux de Fondation, Zurich, 1968
anglais, français, allemand, suédois, portugais, espagnol

Divers

Recueil terminologique multilingue du soudage et des techniques annexes

éditeur : Institut International de la Soudure, Société Suisse de l'Acétylène, Bâle, Suisse, 1955

Lexique général des termes ferroviaires
General dictionary of railway terms
Allgemeines Wörterbuch des Eisenbahnwesens

auteur : Union Internationale des Chemins de Fer.
éditeur : Dunod, Paris, 1965 (2ème édition)
français, anglais, allemand, espagnol, italien, néerlandais

contenu
—seule la correspondance des mots est indiquée, sans définition, ni commentaire, avec toutefois quelques illustrations.
—plus de 11 000 termes dans chaque langue.

classification
—tableau alphabétique des termes français avec correspondance dans cinq autres langues;
—index alphabétique des abréviations, sigles, organismes;
—index alphabétiques dans cinq autres langues.

Dictionnaire multilingue de la fédération internationale des géomètres
Multilingual dictionary of the International Federation of Surveyors
Mehrsprachiges Wörterbuch der internationale Vereinigung Vermessern

auteur: Fédération Internationale des Géomètres
éditeur : Elsevier, 1963
français, allemand, anglais

DICTIONNAIRES FRANCAIS

Les ouvrages suivants donnent les définitions en français des termes français utilisés dans des disciplines particulières du génie civil. Il importe de s'assurer que les utilisations proposées pour les termes techniques sont confirmées par les organisations professionnelles spécialisées ou par un institut de normalisation.

Dictionnaire de l'industrie routière
auteur : J. Choppy
éditeur : Eyrolles, Paris (2ème édition), 1977

contenu: dictionnaire de poche donnant la définition en français (avec illustrations et commentaires) d'environ 700 termes utilisés par les entreprises routières et relatifs aux matériaux, aux travaux, aux essais et aux entretiens routiers. Les termes de chantier sont inclus, mais pas ceux qui concernent l'extraction des matériaux, la conception de la route, les ouvrages d'art et les accessoires de chaussée.

classification
—alphabétique dans le dictionnaire proprement dit
—index systématique réparti en six chapitres spécialisés.

Initiation au vocabulaire du bâtiment et des travaux publics
auteurs: AFFA (Association Française pour la Formation des Adultes) GFCBTP (Groupement professionnel paritaire pour la Formation Continue dans les industries du Bâtiment et des Travaux Publics)
éditeur : Eyrolles, Paris, 1979

contenu: définitions en français, avec illustrations, des termes les plus courants du bâtiment et des travaux publics (environ 650 mots)
classification
—texte réparti en 21 chapitres spécialisés
—lexique alphabétique en annexe.

appréciation
—ouvrage didactique,
définissant les mots à partir de croquis;
—à recommander pour une initiation au vocabulaire des travaux publics parce que la progression logique, l'appel à la mémoire visuelle, la clarté des définitions facilitent l'apprentissage.

Dictionnaire technique du bâtiment et des travaux publics
auteurs : M. Barbier, H. Cadierugues, G. Stoskopf, J. Flitz
éditeur : Eyrolles, Paris, 1979, 7ème tirage

contenu : brève définition en français, sans commentaire, mais avec illustrations, des principaux termes du bâtiment et des travaux publics. Limité aux techniques modernes.

ANNUAIRES D'ORGANISMES ET D'ENTREPRISES

Annuaire des entreprises et organismes d'outre-mer
Editeur: René Moreux et Cie, S. A.
190 Boulevard Haussmann
75008 Paris
Contenu: nom, adresse, brève description des entreprises et organismes travaillant dans les pays francophones d'Afrique et dans les départements et territoires français d'outre-mer.

Annuaire de la Chambre des Ingénieurs-Conseils de France
Editeur: Chambre des Ingénieurs-Conseils de France
108 Rue St Honoré
75001 Paris
Table des matières: index alphabétique, la CICF, liste des membres, liste par syndicats, liste par spécialités techniques, unions régionales.
Contenu: nom, coordonnées, activités principales, quelques références et effectifs de plus de mille bureaux d'ingénieurs-conseils indépendants, dont la plupart sont de petits bureaux. (Les bureaux d'études plus importants sont mieux représentés par SYNTEC).

Catalogue de l'Ingénierie Française
Editeur: Ministère de l'Industrie
Direction Générale de l'Industrie
Service de l'Ingénierie
10 Cité Vaneau (2ème étage)
75007 Paris
Table de matières: ingénierie (Ingénierie autonome — répertoire alphabétique des sociétés, classification par spécialités techniques; ingénierie intégrée — répertoire alphabétique des sociétés, classification par spécialités techniques; personnalité de l'ingénierie; ingénierie en Europe; ingénierie dans le monde), French engineering catalogue (organismes; sociétés d'ingénierie; entreprises générales; auxiliaires de l'exportation), services, entrepreneurs, fournisseurs.
Contenu: répertoire complet des sociétés françaises d'études, de fourniture, de travaux ou de services comprenant pour chacune d'elle: nom, coordonnées, spécialités, références, direction, effectifs.

Catalogue des Entreprises Belges travaillant à l'étranger
Editeur: OBCE (Office Belge du Commerce Extérieur)
162 Boulevard Emile Jacqmain
1000 Bruxelles

Annexe 4: Adresses utiles

Editeurs d'ouvrages ou de dictionnaires techniques

Applied Science Publishers
22 Rippleside Commercial Estate, Ripple Road, Barking, Essex

Bordas, Dunod, Gauthier-Villars,
37 Rue Boulard, 75680 Paris Cedex 14

Bruylant, éditions juridiques
67 Rue de la Régence, 1000 Bruxelles

CEBEDOC
2 Rue Armand Stévart, 4000 Liège

Commission Internationale des Grands Barrages
Secrétariat, 22 et 30 Avenue de Wagram, 75008 Paris

Commission Internationale de l'Irrigation et du Drainage
Secrétariat général, 48 Nyaya Marg, Chanakyapuri, New Delhi 21

Communauté Economique Européenne
Bureau de terminologie du parlement européen, B.P. 1601, Luxembourg

Degrémont
183 Route de St Cloud, 92 Rueil Malmaison, B.P. 46/92, Surennes

ENGREF
19 Avenue du Maine, 75732 Paris Cedex 15

Eyrolles
61 Boulevard Saint-Germain, 75240 Paris Cedex 05

FAO
Service Distribution et Ventes, Via Delle Terme di Caracalla, 00100 Rome

Graham and Trotman
66 Wilton Road, London SW1V 1DE

G. G. Harrap et Cie
177 Rue Saint Honoré, 75001 Paris

Imprimerie Nationale (Française)
20 Rue de la Boëtie, 75008 Paris

Masson
120 Boulevard Saint Germain, 75280 Paris Cédex 06

MacGraw-Hill Book Company
Shoppenhangers Road, Maidenhead, Berks

Office Mondial de la Santé
1211 Genève

Pergamon Press
Headington Hill Hall, Oxford

Pont-à-Mousson S.A.
91 Avenue de la Libération, 54017 Nancy Cedex

Routledge and Kegan Paul
Broadway House, Newton Road, Henley-on-Thames

Technip
27 Rue Ginoux, 75737 Paris Cédex 15

Périodiques techniques en langue française

Bulletin d'Information de l'Association Nationale des Services d'Eau
197 Rue Belliard, B.P. 10, 1040 Bruxelles

L'Eau et l'Industrie
7 Avenue F. D. Roosevelt, 75008 Paris

L'Eau Pure
195 Rue Saint-Jacques, 75005 Paris

Le Génie Rural
PYC Edition, 284 Rue de Vaugirard, 75740 Paris Cédex 15

La Houille Blanche
5 Chemin des Marronniers, B.P. 356, 38008 Grenoble Cedex

Le Moniteur des Travaux Publics et du Bâtiment
17 Rue d'Uzès, 75065 Paris Cedex 02

Revue Géomètre
102 Rue de Charonne, 75011 Paris

La Technique de l'Eau
43 Rue Tenbosch, 1050 Bruxelles

Techniques et Sciences Municipales—L'Eau
9 Rue de Phalsbourg, 75017 Paris

La Tribune du Cebedeau
2 Rue A. Stévart, 4000 Liège

Associations et revues professionnelles

Association Française pour l'Etude des Eaux
23 Rue de Madrid, 75008 Paris

Association Générale des Hygiénistes et Techniciens Municipaux
9 Rue de Phalsbourg, 75017 Paris

Centre Belge d'Etude et de Documentation des Eaux
2 Rue A. Stévart, 4000 Liège

Chambre Syndicale des Fabricants de Compteurs et autres Appareils de Contrôle pour l'Eau et tous Liquides
15 Rue Beaujon, 75008 Paris

Comité National pour la Sécurité des Usagers de l'Electricité
54 Boulevard Malesherbes, 75008 Paris

Fédération Nationale des Travaux Publics
Chambre Syndicale Nationale de l'Hygiène Publique, Huitième Section, 22 Rue du Général Foy, 75008 Paris

Groupement des Association des Propriétaires d'Appareils à Vapeur et Electriques
60 Rue de La Boétie, 75008 Paris

Société Hydrotechnique de France
199 Rue de Grenelle, 75007 Paris

Syndicat des Constructeurs de Pompes
10 Avenue Hoche, 75008 Paris

Syndicat National des Industries de la Robinetterie
10 Avenue Hoche, 75008 Paris

Syndicat National Professionnel des Entreprises de Travaux de Drainage
38 Boulevard des Batignolles, 75017 Paris

Syndicat Professionnal des Distributeurs d'Eau et Exploitants de Résaux d'Assain-issement
9 Rue de Phalsbourg,

Laboratoires et centres d'essais de génie civil

Centre d'Etudes Technique de l'Equipement
Avenue de l'Eurpoe, B.P. 241, 13605 Aix-en-Provence

Centre Scientifique et Technique du Bâtiment
24 Rue Joseph Fourrier, B.P. 55, 38000 Saint-Martin-d'Hères

Centre Technique du Génie Rural des Eaux et des Forêts
19 Avenue du Maine, 75015 Paris

Centre Technique des Industries Mécaniques
52 Avenue Félix Louat, B.P. 67, 60304 Senlis

Laboratoire Central d'Hydraulique de France
10 Rue Eugène-Renault, 94700 Maisons-Alfort

Laboratoire Central des Ponts et Chaussées
58 Boulevard Lefebvre, 75732 Paris Cedex 15

Laboratoire National d'Hydraulique
6 Quai Watier, 78400 Chatou

Groupements d'ingénieurs-conseils et de bureaux d'études

Groupements internationaux

CEBI—Comité Européen des Bureaux d'Ingénierie
Boulevard Emile Jacqmain 83, 1000 Bruxelles

CEDIC—Confédération Européene des Ingénieurs-Conseils
Boulevard Emile Jacqmain 83, 1000 Bruxelles

FIDIC—Fédération Internationale des Ingénieurs-Conseils
Secrétariat Général, FIDIC secretariat, HP Den Haag (Nederland), 205 groot Hertoginnelagen, 2517 Es Den Haag

Groupements belges

BUROBEL—Comité des Bureaux d'Etudes de Belgique
Boulevard de Waterloo 103, 1000 Bruxelles

Chambre des Ingénieurs-Conseils de Belgique (représentants FIDIC)
Hôtel Ravenstein, rue Ravenstein 3, 1000 Bruxelles

Groupements québecquois (Canada)

Association des Ingénieurs-Conseils du Canada (représentants FIDIC)
130 Albert Street (suite 616) Ottawa, Ontario K1P 5GH

Groupements français

Chambre des Ingénieurs-Conseils de France (représentant FIDIC)
3 Rue Léon Bonnat, 75016 Paris

SYNTEC—Chambre Syndicale des Sociétés d'Etudes et de Conseil
Maison de l'Ingénierie, 3 Rue Léon Bonnat, 75016 Paris

Groupements luxembourgeois

Chambre des Ingénieurs-Conseils du Grand-Duché de Luxembourg (représentant FIDIC), 3 Rue du Fort Reinsheim, Luxembourg

Groupements suisses

Association Suisse des Ingénieurs-Conseils (représentant FIDIC)
Jupiterstrasse 5/2080, 3015 Bern

Instituts géographiques et topographiques nationaux

Voir pages 145–147

Instituts de normalisation

Voir page 150

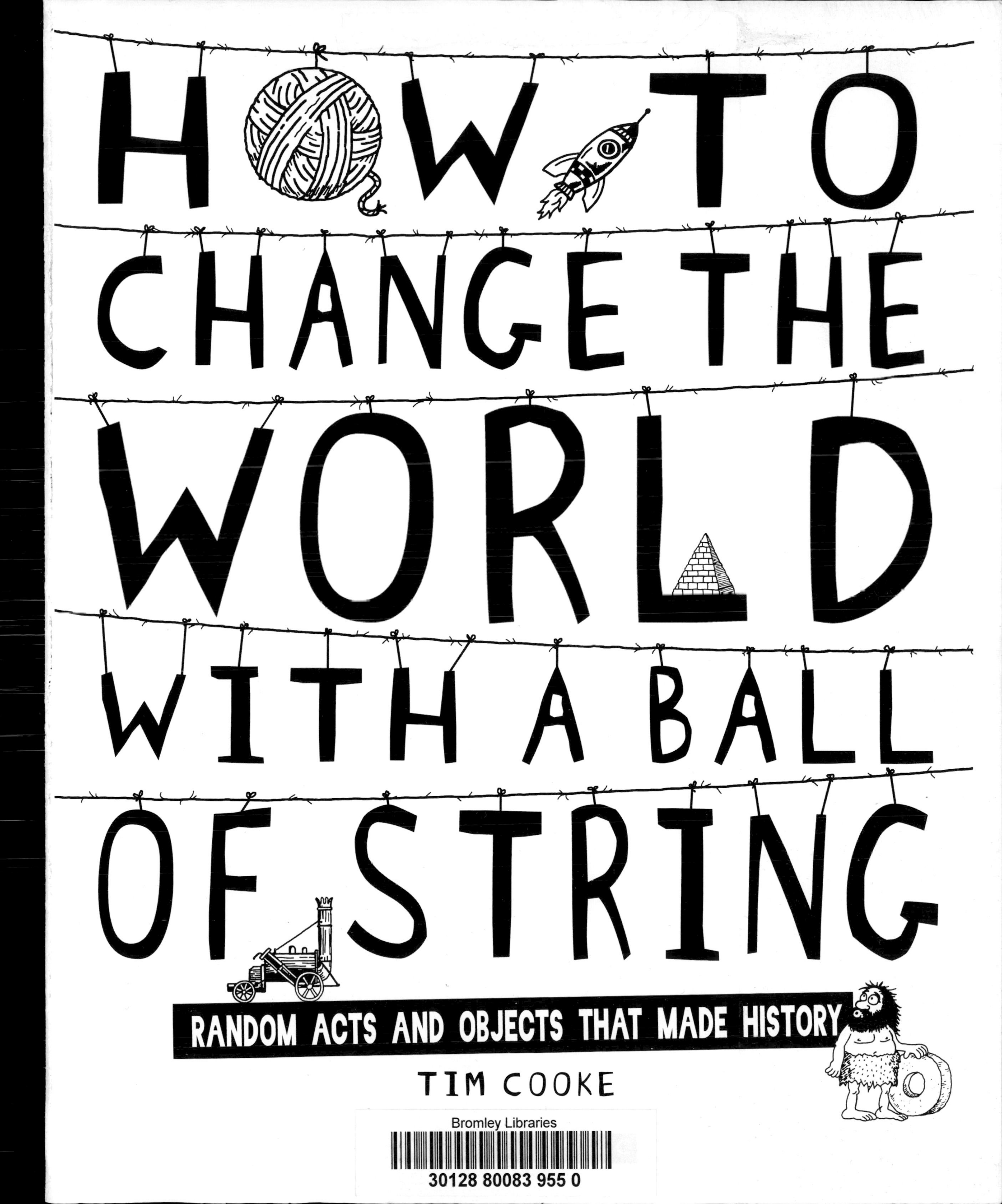
HOW TO CHANGE THE WORLD WITH A BALL OF STRING
RANDOM ACTS AND OBJECTS THAT MADE HISTORY
TIM COOKE

1829

Scholastic Children's Books
Euston House, 24 Eversholt Street,
London, NW1 1DB, UK

A division of Scholastic Ltd
London – New York – Toronto – Sydney – Auckland
– Mexico City – New Delhi – Hong Kong

Editorial Director: Jill Sawyer
Editorial Assistant: Corinne Lucas

Developed for Scholastic by
Windmill Books Ltd.
Art Director: Jeni Child
Designer: Robert Fairclough
Illustrator: Arvind Shah
Senior Managing Editor: Tim Cooke

1666

1969

First published in the UK by Scholastic Ltd, 2011
This edition published 2012

ISBN 978 1407 12154 3

Printed and bound in Singapore by Tien Wah Press

2 4 6 8 10 9 7 5 3 1

1918